U0159459

[美] 约翰·艾伦·保罗士（John Allen Paulos） 著

柳柏濂 译

孟石初 张惠卿 插图

写得如此迷人的 数学 读物是十分罕见的

# 数盲

## ——数学无知者眼中的迷惘世界

上海教育出版社

SHANGHAI EDUCATIONAL
PUBLISHING HOUSE

# 译者序

————◆◆◆◆————

　　数字是枯燥的,但也是震撼的.数据是平凡的,但也是有力的.《数盲》一书,不是数字游戏的精选,也不是智力测验的集成,它是一本实实在在叙述我们身边概率和统计的数学读物,它给每个读者的感觉将是:不说不知道,一说吓一跳.

　　一本优秀的科普读物,应该是,"不是专家写不出来,不是专家也能读懂."约翰·艾伦·保罗士(John Allen Paulos)的《数盲》,不仅有趣,而且有用,不仅有丰富素材的搜集和分析,而且有作者艰辛的计算和创作.已有众多专家、媒体的好评如潮,没有必要让我再说多余的话.试想,一年之中有如此多的书籍问世,这本书获得2004年全美科普最畅销书的桂冠,从概率和统计的角度看,应该不亚于摘得全美田径运动会的百米金牌.

　　1988 年—1989 年,译者在威斯康星大学麦迪逊分校(Wisconsin-Madison)学习和研究,今天,我力不从心地把约翰·艾伦·保罗士的《数盲》译成中文,推荐给朋友们,也算尽了和保罗士的一点校友情谊.感谢上海教育出版社王耀东先生,华南师范大学林长好教授、金华博士及我的研究生翁伟明、刘建熙、黄俊源在翻译中给予的支持、协助和建议.

最后,请读者接受保罗士教授的忠告:

一切教育,通过本书提高你生活中的数学意识.

也请留意我的预告:

一切口头或心中认定自己不是教育的人,读完本书后,可能发觉自己原来是一个数盲.

柳柏濂

2005 年 8 月 20 日于华南师范大学

# 对《数盲》的赞誉

"这本优雅的、罕见的小册子简练,幽默,充满着实际的应用."

——《时代》

"约翰·艾伦·保罗士引领我们一步步接近数的概念.总之,这是一本富有启发性的书."

——《纽约时报》

"这本令人爱不释手的小书只有116页.你可以在两小时内读完它.这可能是你所花过的最有启发,甚至最有益的120分钟."

——《芝加哥太阳时报》

"正如保罗士看到的那样,这个世界少了几分神秘,却多了几分优雅,少了几分奇幻,更多了几分奇妙.于是,很多表面上光怪陆离的事情得到了合情合理的解释——原来并非十分匀称的东西,看起来更加赏心悦目."

——《圣地亚哥论坛》

数学与幽默，
思考含笑话，
欲离数学圈，
读报又遇它.

——约翰·艾伦·保罗士

并非出于数学的缘故

献给希拉,黎和丹尼尔

# 目　录

# 2001 年版序言

"嘿！看我的头发，多么浓密."对着相册里的老照片，唤起一种奇特莫名的激动，就像翻阅自己的一本旧作所引发的感受.一张老照片和一本旧作，真令人百感交集：骄傲、自豪、冲动和犹豫.用数字化的技术去润饰这张照片似乎有欺骗之嫌(除非弄掉下巴上那块意粉留下的酱料)，对一本书再作重大的改动亦是如此.可是，评论这张照片，或为这本书重写一个新的序言，却是无可厚非的.于是，自 1989 年《数盲——数学无知者眼中的迷惘世界》(以下简称《数盲》)在希尔和王(Hill and Wang)公司出版后的 12 年，我为它的新版重写序言.

我们的周围不仅充斥着数盲，不幸的是，直到现在，情况仍然如此.光怪陆离的数盲像一堆堆垃圾，无论你如何经常清理，它们很快聚集起来.我后来的书《一个数学家读报》和最近几年来为 ABC 新闻网写的专栏"谁在计数"，是试图进一步拖走某些垃圾.尽管作了很大的努力，过分渲染的恐慌仍然随处可见.神奇和诡秘的故事尚未绝迹，也不可能有政治和经济的万能博士.

那些对美国学生可怜的数学成绩的埋怨,就像枯燥的祈祷般喋喋不休.同时,哪怕检视一百万零十七种不同的方法,从哪一方面来看,对概率和风险的缺乏理解也是显而易见的.

事情会有所转机吗?当然,这个问题的回答令人含糊其辞,但是,我想:尽管这么多人(包括高层人士)被数盲震惊,一般地,比起这本书最初出版时,人们已经对于数、概率、逻辑和数学的重要性有了更深入的了解.近年来,数学家保罗·厄多斯(Paul Erdös)、斯里尼瓦瑟·拉马努金(Srinivasa Ramanujan)和约翰·纳什(John Nash)[1]的传记广受欢迎.以数学为题材的电影,如"心灵捕手"(Good Will Hunting)和"π"(Pi)吸引了不少主流观众,戏剧"哥本哈根"(Copenhagen)和"证据"(Proof)已经在百老汇获得成功,而关于密码、费马大定理和混沌的书亦非常风行.对于数、百分数、比率、概率和各种统计,我们的理解已经超过了一般的水平,并且更清晰地知道了它们的重要性.

我这里郑重声明:《数盲》有助于减少数盲,激发公众对数学的兴趣.但是,相互关系未必就能揭示出因果.因为使公众的数学意识改善了哪怕是 0.395 2 个百分点(最末的数字也许是不对的),我都可以赢得信任.可是,哎呀,几乎任何一件重大的新闻都在提醒我们,未来的路仍然很长.

例如,在 2000 年那次声名狼藉的总统大选中,很多重大争端都从实际上作出统计,但评论员几乎清一色是律师及记者.对詹姆斯·布坎南(James Buchanan)在佛罗里达州多个县的选票所作

---

[1] 保罗·厄多斯(1913—1986),匈牙利裔美籍数学家.斯里尼瓦瑟·拉马努金(1887—1920),印度数学家.约翰·纳什(1928—2015),美国数学家,诺贝尔经济学奖获得者,电影《美丽心灵》主角的原型.——译者注

的回归分析已清楚地显示,棕榈滩(Palm Beach)县是无关大局的.审核官方点票中布什和戈尔(Gore)之间的微小差异——实质上是落后、原始的投票设备造成的——已经没有任何统计意义.正如我在《纽约时报》上所说的,要区分这两个人的票数,就有点像用一把码尺去度量细菌.这个选举的悬案开阔了我们的眼界(这远远大于票数之间的差别):概率论中的反正弦定律和任何选举制度的局限性正牵涉到数学的各方面,这些数学应当引起更多的重视.(在它们引起重视时,我都没有得意忘形.选举可以联系到赫尔曼·罗夏(Hermann Rorschach)测试[1],佛罗里达最高法院的首席法官查尔斯·威尔斯(Charles Wells)在法庭的决议出现分歧时,引用了我关于选举的评论,因而作出了重新人工点票的决定.我还高兴被人提及,但也有一丝不安,因为我的话支持了反对的一方.)

辛普森(Simpson)案是另一个例子,这个新闻故事充满着公众未给予注意的数学知识.例如,审视一下艾伦·德素威茨德的辩护词:由于只有少于千分之一的男人殴打他们的妻子或女友后,进而弄死她们,因此法庭不应考虑辛普森打老婆的举证.这个统计是对的,但是离题甚远,因为它罔顾了这样一个明显的事实:确实有一个杀人犯.运用贝叶斯(Bayes)定理[2]和普遍采用的犯罪统计学,可以得出结论:如果一个男人殴打他的妻子或女友,其后她被发现致死.没有进一步证据时,不带个人成见地判断,这名打手是凶手的可能性超过 80%.

---

[1] 罗夏测试是 20 世纪中叶瑞士心理学家罗夏所创造的一种墨迹测试.——译者注
[2] 概率论中一个计算事件发生概率的定理.——译者注

最近,一些被热炒的新闻热点:模糊经济学,医疗致命事故频频发生,互联网泛滥,火石牌福特汽车轮胎的传奇,大学排名榜,上网的狂热.所有这些,无一不散发着意义非比寻常的数学气味.

《数盲》也为一场正在进行的关于数学教学的争论煽风点火.本书出版以后,我写了一篇陈述数学五个误区的短文,这些误解完全使数学的学习变得味同嚼蜡.

这些误解中最为友善的观点是:数学空无一物,甚至不如计算.而事实上,在很多领域,数学要用计算来完成,正如写作要依赖打字一样.算法、定则和练习确实非常重要(正如几个从书本中获取灵感的改革家所声称的那样),但是,我们的数学问题的结果,更多的是来自从初露端倪的想法到运用数学的思考,以及众多错综复杂的高水平技巧,而不是仅仅依赖计数.

另一个对数学的误解是:数学是一个全划分等级的学科.先是算术,其后是代数、微积分、微分方程、抽象代数、复分析,等等.这并非一定要如此划分不可.(有一次,我在一个讲话上谈到这一观点后,有人问我:高等微积分以后是什么科目.当我回答是"严重的齿龈病"时,他茫然不解.)确实,数学的某些方向是需要积累的,但是,它并不像人们想象的那么重要.倒是很多关于深思熟虑见解的报道,经常用到一些数学的背景引起了人们的共鸣.

讲故事是数学教育中的一种有效方法,正如在其他科目上使用时一样有效.对数学的第三个误解就是对此不以为然.事实上,数学和讲故事并不是毫无联系的活动.直接地看,哲学[1]和英语都是本科生的两门主修科目,我总是非常敏锐地用故事、寓言、插

---

[1] 这里指的哲学应包括数学.——译者注

图,有时甚至用笑话,使那些形式化的数学承上启下,图解它的局限,强调那些不言而喻的道理.应该说,数字和统计总是需要解析的.(再说一遍:故事和数之间的复杂的互动,事实上就是我的好几本书的主旋律.)

数学的第四个误解是:数学仅仅是极少数人的"玩物".毋庸置疑,有些人在数学上有更多的天赋,正如有些人在写作上有更高的天分一样.但是,我们不能因为某些学生将来不打算去当新闻记者或小说家,而去劝告他们放弃英文和文学课程的学习.几乎每一个人都可以开发出他们对于数字和概率,联系和论证,图形和比率的有用的理解,感受到这些概念在我们生命的每一天,在每一个地方所发挥的作用.

对数学的第五个误解是:数学用某种方式令我们思想僵化,或者说束缚了我们的自由.(关于数学还有另外一些误解,其中一个是:"对数学仅有五个误解"——但是,要知道,5 是一个漂亮的数字呀!)在《数盲》中,我阐述了一个浪漫的信仰:对于数的专注导致一个人忽视了大的问题,对瀑布和落日的庄严雄伟也变得视而不见了.太多的人仍然坚持那种常常无法说得清楚的信念:必须在以生命与爱情为一方面,以数据与细节为另一方面,作出抉择.我将跳过读者对本书的反驳意见,并且仅仅如此回答:废话.

尽管数盲需要付出经济上和社会上的代价,但过分集中地关注这些问题,将使这本书有令人不快的预兆,不仅降低了它的另一方面的重要性,而且还淡化了数盲可见到的另一侧面——它的审美观的贫乏.应该指出,条分缕析的说明、引人入胜的境界、富于逻辑的洞察力、奇妙有趣的量化应用——这些都不是大部分人的数学经验.也许,读完这本书后,大部分读者被这本书奇异的事实和诸如"小世界现象"之谜所吸引,获得了不深及隐约的机密信息,识穿形形色色的伪科学骗子,如配偶选择方案、朱利亚斯·凯撒(Julius Caesar)弥留的时刻、股票市场筛选骗局,以及运动场中的高手,等等.当然,这些离奇古怪的东西催生了不少给我的来信和"伊妹儿"(E-mail).

提起这些来信,我必须在本文结束时感谢来自生活各个阶层、不同背景、数学水平各异的读者.感谢你们的诘问,赞美,偶尔的痛骂和全面的评论.我还要衷心感谢为《数盲》充当扫盲的读者,你们是数学最好的推销员.

我对本书仅仅作了少量的修改,涉及的仅仅是一两个短语(如在第一段提到的关于下巴上意大利面的酱料).唯一例外是第3章中关于女儿、儿子例子的一个解析.我没有为本书加上一个索引,因为我还依然认为:尽管这本书充满着数学的内容和思维,从灵魂上,《数盲》更接近于一种扩展了的小品文,而不是一种形式上的论文.

E-mail:paulos@math.temple.edu

# 引 言

"数学总是我学得最差的科目."

"无论百万,甚至十亿、百亿都不能令我们动心,我们更在乎能够解决这个问题."

"我和杰里都不打算去欧洲,多半是那里是有太多的恐怖分子的地方."

所谓数盲,就是不能自如地驾驭数据和概率,它给那些缺少专业知识的老百姓带来了太多的困扰.对于那些连"蕴含"与"推论"都分不清的人,深陷于数学的谬误竟然毫无知觉.我记得,在一个晚会上,某人在喋喋不休地论证"continually"(不断地)和"continuously"(持续不断的)有何不同.其后,我们正看到电视的天气节目.主持人说:在星期六有 50% 的可能性下雨,星期天亦是如此.由此得出结论:在这个周末,有 100% 的可能性下雨.最后的一句在语法上没有问题,殊不知结论是错的.甚至当我向主持人指出这个错误时,他仍感到愤愤不平,好像他已使天气预报员给人留下模棱两可的印象.事实上,不像其他错误那样需要躲躲闪闪,数学的盲点经常还被炫耀:"我甚至还不会结算我的支票簿呢!"

"我只是一个普通人,毕竟不是数学通啊!""我永远讨厌数学."

产生那种在数学无知中仍然不正视错误的傲气,部分原因是这种错误的后果不像其他错误的后果那样显著.因为这样,又由于我坚持:人们对那些细节的了解比对整体的理解要好.因此,这本书将考察现实生活中很多数盲的例子——股票诈骗、配偶选择、报业心理学、节食和医疗的配方、恐怖风险、性别歧视、伪心理学、彩票市场和药物试验,等等.

我不再试图过分地武断,或者对通俗文化和教育制度过多地指手画脚,但是,我已经做了一些一般的评论和观察,我希望这些例子能支持我的观点.在我看来,某些对于自如地处理数字和概率的障碍,来自于人们对不确定性、偶然巧合和如何解构一个问题的十分自然的心理反应.而其余的例子则起因于焦虑,或对自然和数字的重要性产生一种罗曼蒂克式的误解.

人们极少讨论:数盲的后果就是对伪科学的相信,在这里,我们探讨这两者之间的关系.当今社会,遗传工程、激光技术、微型电路正日益增进我们对世界的理解.可是,令人悲哀的是:有相当一部分成年人却仍然相信着塔罗牌、女巫的故事以及水晶球的魔力.

甚至更多的不祥之兆在于:对各种风险的科学评估和公众感觉之间存在着鸿沟,这种危害性的鸿沟最终或者导致无稽之谈和提心吊胆,或者不可避免地出现风险.在这方面,政治家们极少能提供帮助,因为他们仅仅能处理公众的舆论,勉强地清除那些潜在的危险,并且和几乎所有的政策达成公平交易.

因为这本书大量涉及形形色色的无能——对数字观察力的缺乏、对无意义巧合的夸大、对伪科学的轻信、对社会公平交易的误判,等等——大量的笔触揭示了这些怪相.然而,我希望在这些努力中避免过分的认真和使用尖刻的语调.

我们运用概率和统计中的某些初步的想法,把数学逐个地展现出来.这些想法虽然是深奥的,但无须读者具备超乎常理及一般算术的知识.我们偶尔用广大读者可以接受的语言来解析一些概念,而这些概念和想法是我的学生感兴趣的东西,也是他们在智力测试中通常要回答的东西.在这里,真是:"不是测试,胜似测试."当然,遇到某一段困难的内容,你可以跳过去不管也无关大局.

这本书的一个论点是:数盲的人本质上有很强的个性化倾向——他们被自己的经历,或聚焦于个人主义的媒体和戏剧所误导.由此,这并不一定意味着:数学是无人性的,或者说是公式化的.我不是这样,我的书也不是这样.我写下这些话的目的是:向那些受过教育却对数学不甚了了的人作出呼吁,至少向那些对数字不至于害怕成把 number(数字)读成(numb)(er)(麻木)(呵)的人们呼吁.如果这本书对于遍及我们个人和公众生活中的数盲,起到一些澄清作用的话,也就体现了我所付出努力的价值了.

# 第*1*章

## 例子与原理

　　两个贵族骑马外出,其中一个贵族挑战另一个说:看谁能想出一个更大的数.另一个贵族答应了,并在沉思了几分钟之后,骄傲地说出"3".比赛发起者沉思了半个小时后,耸耸肩膀,终于承认自己落败.

　　某个夏天,一个游客进了缅因州的一间五金店,买了许多价格不菲的物品.那个生性多疑、沉默寡言的老店主二话没说,便在现金出纳机上登记账单.他报出总数并看着顾客支付 1 528.47 美元.店主接过钱后,慢条斯理地清点,一遍、两遍、三遍.终于,游客不耐烦地问:钱没错吧? 那个缅因州人勉强地回答:"刚刚够数."

　　数学家戈弗雷·哈罗德·哈代(Godfrey Harold Hardy)去医院看望他的学生——印度数学家拉马努金.为了打开话题,哈代说,今天乘坐出租车的号码1 729是一个无趣的数! 但拉马努金立即回答:"不,哈代! 不是的,哈代! 这是一个很有意义的数.它是能够用两种不同的方法表示成两个立方和的最小的数."

## 大数据,小概率

人们使用数的程度参差不齐,低如那两位贵族,高至拉马努金.但不幸的是,绝大多数人都只是停留在那两位贵族和那个老缅因州人的水平.当我遇到学生不知道美国的人口数目,不知道在美国本土中从太平洋海岸到大西洋海岸的距离,也不知道中国人口在全世界人口中的比例时,我总是感到惊讶、沮丧.有时我会让他们做练习,诸如估算人的头发每小时能长几英里;计算地球上每天大约有多少人死亡;或者是计算在美国每年要吸掉多少根香烟.虽然刚开始时,有些学生不那么乐意(甚至有一个学生坚持认为,头发不可能以每小时几英里的速度生长),但通常,戏剧性的计数使他们改变了看法.

假如没有对日常的偌大数据的理解,我们就不可能用真正怀疑的态度,去看待每年有超过一百万的美国儿童遭到绑架这种令人震惊的新闻报道,也不可能格外清醒地看待一个携带着百万吨级爆炸能量——相当于一百万吨(或者二十亿磅)的烈性炸药的弹头.

如果没有对概率问题的敏感性,我们就会把车祸看成是局部地区的小问题,而把公民在海外被恐怖分子杀害的事件看成一个大威胁.然而,可以看到,在美国,每年在公路上丧生的人数——45 000,大概等于在越南战争中美国人牺牲的总数.另一方面,1985 年中,在所有出国的两千八百万美国人中,有 17 人被恐怖分子所杀——也就是说,在一百六十万人中有一个人遇害.我们再对比美国在 1985 年的下列年均指标:在 68 000 人之中有一人死于窒息;在 75 000 人之中有一人死于自行车坠毁;在 20 000 人之中有一人死于溺水;在 53 000 人之中有一人死于汽车相撞.

面对这些巨大数据以及它们相对应的小概率事件,数盲们不可避免地将得出这样的谬论:"是啊,但凑巧你就是其中的一个呢?"然后,他们会狡猾地点点头,好像他们已经用自己那深刻的洞察力推翻了你的观点.我们将会看到,这种性格倾向是许多数盲的共同特征之一.下列这种推测同样是典型的:数盲们把患上一些疑难杂症和外来霍乱的概率,等同于患上心脏病和流行疾病的概率.由此得出每周有 12 000 个美国人死于疑难杂症和外来霍乱.

与此关联的一个有趣的笑话:一对九十岁的老夫妻联络了一个律师,准备离婚.律师劝告他们:"结婚已经 70 年了,为什么还要离婚呢?为什么你们的婚姻不能持续下去呢?为什么现在要闹离婚呢?"最后,瘦小的老太太用她那嘶哑的声音说:"因为我们计划好,到我们所有的孩子去世后才离婚."

对数量或时间跨度的感觉,让我们从实质上理解这个笑话.在这种意义下,忽视几百万与几十亿的差别,以及几十亿与几十万亿的差别同样是可笑的,但现实中并非如此,因为我们在日常生活中太缺少对数的直觉了.许多受过教育的知识分子对这些数的理解如此肤浅,甚至不清楚一百万就是 1 000 000;十亿就是 1 000 000 000;一万亿就是 1 000 000 000 000.

华盛顿大学的科龙兰德(Kronlund)和菲利普斯(Phillips)博士最近的研究表明:绝大多数的医生,对各种各样的手术、流程、药物(甚至在他们自己的专科里面)的危险性的评估,都跟标准有很大的出入,并且常常伴有一些流程的顺序错误.我曾经和一个医生有大约二十分钟的谈话.他对某个手术的预期竟然有下面三种说法:(1) 一百万人中有 1 人是有危险的;(2) 99% 是安全的;(3) 通常挺顺利的.另一个事实是,许多医生似乎相信,候诊室里至少有 11 个病人在等待,才显得自己并非无所事事.凡此种种数盲的新举证,已令我见怪不怪了.

对于非常大或者非常小的数,所谓的科学记数法,常常比标准的记数法更清晰且更容易使用.因此,有时我会使用它.科学记数法没有什么非常特别的地方:$10^N$ 就是 1 后面跟 $N$ 个"0",因而 $10^4$ 就是 10 000;$10^9$ 就是十亿.$10^{-N}$ 就是 1 除以 $10^N$,因而 $10^{-4}$ 就是 1 被 10 000 除或者是 0.000 1,$10^{-2}$ 就是百分之一.$4 \times 10^6$ 就是 $4 \times 1\,000\,000$ 或记为 $4\,000\,000$;$5.3 \times 10^8$ 就是 $5.3 \times 100\,000\,000$ 或者 530 000 000.$2 \times 10^{-3}$ 就是 $\frac{2}{1\,000}$ 或者是 0.002;$3.4 \times 10^{-7}$ 就是 $\frac{3.4}{10\,000\,000}$ 或者是 0.000 000 34.

我不明白,为什么报纸杂志不能适量地使用科学记数法呢?

这个记数法既不像这些媒体的许多话题那样几乎晦涩难懂；也比那些乏味文章中公制转换更有用得多.表达式 $7.398\,42\times10^{10}$ 不是比七百三十九亿八千四百二十万更容易理解吗？

我们用科学记数法来回答上面提出过的问题是：人的头发以大约每小时 $10^{-8}$ 英里的速度生长；地球上每天大概有 $2.5\times10^5$ 人死亡；美国每年大概有 $5\times10^{11}$ 根香烟被吸掉.而这些数的标准记数法是：人的头发的生长速度是每小时 $0.000\,000\,01$ 英里；地球上每天大约有 $250\,000$ 人死亡；美国每年大约有 $500\,000\,000\,000$ 根香烟被吸掉.

**血液,群山和三明治**

在《科学美国人》的一个谈论数盲的专栏里,计算机专家道格拉斯·哈弗斯塔德特（Douglas Hofstadter）引用了理想玩具（Ideal Toy）公司的例子.这个公司在谈到初始的魔方组件时说,存在超过 30 亿种立方体可能的状态.计算表明:存在超过 $4\times10^{19}$ 种可能的状态,这里是 4 后面跟 19 个"0".当然, 理想玩具公司所言并无错误,确实是存在超过三十亿种可能状态[1].然而,过于保守的陈述,是普遍存在的数盲现象的一个症结,它与我们这个以科技为基础的社会不相适应.这种现象就像在林肯（Lincoln）隧道的入口处宣称:纽约的人口超过 6 人;或者就像麦当劳公司自豪地宣布,他们已经售出超过 120 个汉堡包.

$4\times10^{19}$ 并不常见,但是像一万、一百万、一万亿这样的数却随处可见.诸如每个有一百万个元素、十亿个元素的集合,我们应该能够信手拈来,快速比较.比如说:知道一百万秒就是 11 天半;而

---

[1]　三十亿仅仅是 $3\times10^9$,与计算结果相差甚远.——译者注

走完十亿秒要用 32 年的时间.这样,我们对这两个相对较大的数就有更好的理解.一万亿又如何? 现代智人从出现到现在很可能少于 10 万亿秒,并且随后,早期的现代智人尼安德特人的完全消失,仅仅发生在 1 万亿秒以前;农业,存在地球上大约有 3 千亿秒(即 1 万年).迄今,笔录存在了 1 500 亿秒;而摇滚音乐才仅仅存在 10 万亿秒左右.

更多这样的大数有:以亿万美元计的联邦预算和我们不断发展的武器存储数量.假定美国人口是 2 亿 5 千万,则每十亿美元的联邦预算相当于每个美国人付出 4 美元.于是,国防部的年度预算——1 万亿美元的 $\frac{1}{3}$,这接近于每个美国的 4 口之家每年贡献 5 000美元.然而,这些开销究竟买了些什么呢? 现在,全世界所有核武器所携带的黄色炸药有 25 000 兆吨,即是 50 万亿磅.如果让地球上每个人来分,不管他是男的、女的,还是小的,每人可以分得 1 万磅 (顺便提醒,1 磅的黄色炸药足以炸毁一部小汽车并杀死里面的每一个人).仅仅我们的一艘三叉戟潜水艇所携带的核武器,就是第二次世界大战所消耗火力总数的 8 倍.

现在我们来看一些相对小而轻松的数,先考虑 1 000.费城的维特雷斯(Veterans)露天体育场有 1 008 个座位,并且容易拍照.在我家附近有一个车房,它的北墙差不多有 10 000 块狭长的砖块.对十万来说,我总会想起标准规格的小说的字数.

为了理解大数,一个有用的方法是:想出一两堆与上面那些数相对应的,每个指数为 10、13 或者 14 的数.你能想出的这些集合越多越好.对任何能激起你的好奇心的数量做一个估算,也是一个不错的练习:美国每年要消费多少比萨饼呢? 你一生中已经说过多少个单词呢?《纽约时报》每年有多少个不同的名字出现呢?要多少西瓜才能够装满整个国会大厦呢?

总的来说,这些计算相当简单且常常是很有建设性的.比如:这个世界上所有人类血液的容积是多少? 我们知道,一个成年男子有大约 6 夸脱容积的血液,成年女子的血液要少一些,儿童的则相对更少了.这样,假如平均每人大约有 1 加仑的血液.我们估计地球上大约 50 亿人总的血液量,我们会得出 50 亿($5 \times 10^9$) 加仑的血液.因为 7.5 加仑大约是 1 立方英尺,所以全世界有 $6.7 \times 10^8$ 立方英尺血液.$6.7 \times 10^8$ 的立方根是 870,从而全世界所有的血液将会装满棱长为 870 英尺的立方体,小于 1 立方英里的 $\frac{1}{200}$.

纽约中央公园所占的面积为 840 英亩,或者大约 1.3 平方英里.假如在那里建造围墙,全世界所有人的血液将会覆盖整个公园且深度达 20 英尺.位于以色列和约旦边界处的死海的面积有 390 平方英里,假如人类的所有血液倒入死海中,将会使死海的深度增加 $\frac{3}{4}$ 英寸.就算没有任何特殊的情况,这些数据都是令人相当惊讶的.对比一下全世界所有草的体积,或者所有树叶,所有海藻的体积,人类在各种各样的生命形式中的边缘地位就更加凸现了,至少在体积的意义上就是如此.

我们转换一个话题,考虑一架超音速协和式飞机的速度和一只蜗牛速度的比率,由于蜗牛的速度为每小时 25 英尺,这个比率是 400 000.另一个令人印象深刻的比率是,计算机计算十进制数的速度和人工计算这项工作的速度的比,计算机比起我们这种蜗牛似的乱涂乱划的速度要快 1 百万倍以上.如果是超级计算机,这个比率将超过 10 亿倍.

一个麻省理工学院(MIT)的科学顾问在面试中用来筛选未来雇员的一道计算题是:需要多少辆卡车,把一座孤立的山,比如富士山,夷为平地呢? 假如卡车每 15 分钟运一次,一天工作 24 小时,不花时间装载,也不互相阻道.答案有点出人意料,它将会在后面的章节给出.

### 天文数字和福布斯 400 排行榜

关于数字的思考曾经是世界文学名著的支柱.从《圣经》到斯威夫特(Swift)的小人国居民,从美国传说中的伐木巨人到法国小说家拉伯雷(Rabelais)的格格台(Gargantua)[1].然而,使我一直感到震惊的是:这些不同作者在他们曾经使用过的庞大数字中的前后不一致.

据说,年幼的格格台体形庞大,食量惊人.需要 17 913 头母牛供他喝牛奶.当他还是个年轻学生的时候,他骑着一头驴去到巴黎,那头驴有 6 头大象那么大,脖子上挂着的丁当是巴黎圣母院

---

[1] 格格台,古典名著拉伯雷《巨人传》中的巨人英雄.——译者注

里面的大钟.在回家的路上,他受到一座来自城堡里的加农大炮的攻击.而他要用那把 900 英尺长的耙子,把炮弹从头发里面梳出来.他割了像胡桃树那般大小的生菜做色拉,还把藏在生菜里面的6 个流浪者吞进肚子里.你能发现这叙述里面不一致的地方吗?

《创世纪》中叙述的那场洪水:"使所有的高山全部被淹没,天空下,一片汪洋泽国……"从字面看,这句话表明了地球表面积聚了10 000到 20 000 英尺的水,相当于超过 5 亿立方英里的液体.据《圣经》里面的数据,由于雨下了 40 天 40 夜,即 960 个小时,那场暴雨肯定是以每小时 15 英尺的降水量倾泻而下,其势足以淹没任何航空器或航空母舰,更不必说那只满载动物的方舟.

这里面前后不一致的数据,可能使数盲们得到一个小小的乐趣.但是,问题不在于我们必须固执地分析种种数据的连贯性和合理性,而是在很多时候,从纯数字事实中提取的信息和结论,常常被仅仅建立在粗糙数据上的论断所驳倒.如果人们能够运用更多的估计和简单计算,许多显然的推论就会出来(也可能出不来),而可供消遣的滑稽结论就会减少.

在回到拉伯雷这个话题之前,让我们先来考虑两条有相同横截面的悬挂电线(我相信用横截面的叙述,以前从未出现在印刷品上).这些电线的作用力是与电线的质量成正比例的,而质量是与它们的长度也成正比例的.由于被支撑着的电线的横截面是一样的,电线受到的压力,按横截面分,随着电线的长度的不同而改变.一条长度是另一条长度的 10 倍的电线,每个横截面所受到的压力是另一条的 10 倍.同样的讨论可以证明:用相同材料建造的两座几何形状类似的桥梁中,长度长的必定是比较不牢固的一座.

类似地,尽管按拉伯雷的标准,我们也不能把一个具有 6 英尺的男人换算成一个身高 30 英尺的男人.把他的身高乘 5 将会使得他的体重骤增 $5^3$ 倍.但同时他可以用来支撑这个质量的能力仅仅增至 $5^2$ 倍.(这是由骨头的横截面面积衡量的.)

大象的体积很大,却是以相当粗壮的腿为代价的;相对大象来说,鲸鱼则幸运得多,因为它们沉浮在一片汪洋之中.

在许多例子中,第一步尽管是合理的,但增减量换算却通常容易犯错.我们在生活中很普通的例子也说明了这一点.如果面包的价格升高 6%,那么我们就没有理由去怀疑游艇的价格也将上涨 6%.如果一家公司发展规模达到它原始规模的 20 倍,那么它的各个部门相对的比例也不会还是原封不动.如果摄取 1 000 克某物质会使 100 只老鼠中的一只致癌,那不能保证仅仅摄取 100 克这种物质会使 1 000 只老鼠中的一只致癌.杂志《福布斯 400》列举着全美名列榜首的 400 名富人,我曾经写信给其中少数几位重要的人物,向他们索取 25 000 美元以支持我当时正在研究的一个项目.由于我所接触的富人们的平均财产大概有 4 亿美元($4 \times 10^8$ 美元,这绝对是一个天文数字),而我不过是要求他那笔财产中的 $\frac{1}{16\,000}$,我想,那种线性比例应该站得住脚.因为如果某个陌生人向我要 25 美元以支持他那有价值的项目,我还是很可能满足他的要求.25 美元超出我净资产的 $\frac{1}{16\,000}$.唉,但是尽管我收到许多友好的回复,却始终没有收到一分钱.

### 阿基米德(Archimedes)和实际上无限的数

有一个以希腊数学家阿基米德的名字命名的"数的基本性

质":任何数,不管它有多大,都能被足够多的,不管有多小的数的和超过.虽然这个原理很显然,但其结论有时会受到质疑,就像我的那个坚持认为头发不可能以英里每小时的速度生长的学生那样.很不幸,一个简单计算机操作——十亿分之一秒,竟然意味着突破一个难题的瓶颈,而这些难题的解答往往需要耗费人类几千年的时间.人们越来越习惯于用粒子物理学中的微小时间和距离,以及天文现象中巨大的时空一起分享人类的世界.

我们很清楚,数的基本性质是怎样导出阿基米德著名的宣言:给我一个支点,一条足够长的杠杆以及一个可以站立的地方,我就能单独一人将地球举起.我们可以感觉到,数盲们缺少小的数的累加观念.他们好像并不相信,那小小的喷雾剂罐子能够对臭氧层的耗损起任何作用;也不相信他们的私人汽车会令酸雨问题更加恶化.

那些令人印象深刻的金字塔群,是花了 5 000 到 15 000 年的时间,用石块垒成的.它们的建造,相当于用卡车将 12 000 英尺的富士山搬走.一个类似的,但更经典的演算是由阿基米德给出的.他估计了需要多少粒沙子才能将整个地球和天空填满.虽然他没有指数这个概念,但他还是创造了可供比较的东西,本质上,他的计算可以等价以下的计算.

将"地球和天空"理解为关于地球的球体,我们通过观察可以发现,将地球和天空填满所需要的沙子数目,取决于这个球体的半径和沙子的颗粒大小.假如直线排列的 15 粒沙子有一英寸长,则 15×15 粒沙子的面积有一平方英寸,$15^3$ 粒沙子的体积有一立方英寸.由于一英尺有 12 英寸,从而 $12^3$ 立方英寸是一立方英尺.这样,$15^3 \times 12^3$ 粒沙子的体积有一立方英尺.类似地,可算得每立

方英里相当于 $15^3 \times 12^3 \times 5\,280^3$ 粒沙子.又由于球体的体积公式是 $\frac{4}{3} \times \pi \times$ 半径的立方,装满半径为 1 万亿英里(即阿基米德估计的)球体,需要的沙子数目是 $\frac{4}{3} \times \pi \times 1\,000\,000\,000\,000^3 \times 15^3 \times 12^3 \times 5\,280^3$,这大概等于 $4 \times 10^{54}$ 粒沙子.

要感觉到这个幂有多大也许是困难的,但在某种程度上,它涉及对整个生命的理解.一个更现代的版本是,计算能够填满整个宇宙的亚原子的大概数目.这个数,在那些理论计算机问题中起到了"实际上无限"的作用.

我们可以大方地估计,宇宙是一个直径大约是 4 千万光年的球体.如果要使计算更加简化,那么我们可以更大方地假设:宇宙是一个棱长为 4 千万光年的立方体.质子和中子的直径大约是 $10^{-12}$ 厘米.一个计算机专家唐纳德·克努特(Donald Knuth) 提出了阿基米德式的问题是:多少直径为 $10^{-13}$ 厘米$\left(\text{这些粒子直径的}\frac{1}{10}\right)$的小立方体能够充满整个宇宙? 经过简单的计算得出的数目比 $10^{125}$ 小.这样的话,设想一台宇宙般大小的计算机,它的比粒子更小的零件个数将少于 $10^{125}$.这样,那些需要更多的零部件参与的演算就成为不可能的任务了.令人惊讶的是:有太多这样的问题,其中一些非常普通,但是有实际应用的重要问题.

相对小的时间单位是,光穿过其中上述的一个小立方体所需的时间.已知光速是每秒 300 000 千米,小立方体的棱长为 $10^{-13}$ 厘米,宇宙的年龄以 150 亿岁来计算.我们算得,从宇宙出现至今,少于 $10^{42}$ 这样的时间单位.这样,任何需要 $10^{42}$ 步以上的计算,需要比我们现在这个宇宙的历史还要长的时间(每一步的计算时间长于这里的小单位时间).需要再次强调的是,同样存在许许多多这样的问题.

假设一个人是蹲着的,我们把他看成一个球体,可以得到一些在某种程度上更加形象化的,且有生理启迪的对比.一个人体细胞的大小对于人来说,就好像人的大小对于美国的罗得岛州一样.同样地,一个病毒对于人来说,就好比人对于地球;一个原子对于人,就像人对于地球绕太阳的轨道;一个质子对于人,就像人对于半人马星座的长.

### 乘法原理和莫扎特(Mozart)的华尔兹

现在该是重复我的开篇评论的时候了.我说过:数盲们肯定会对一两个偶然困难的章节不屑一顾.特别地,下面几个部分还可能含有这样的章节.那偶然出现的琐细的章节,同样也肯定会被数盲们忽略.(实际上,可能整本书会被所有的读者忽略,但我宁愿,至多只有一两个孤立的章节会被忽略.)

下面的表述称之为乘法原理,是非常简单但又十分重要的.它是这样叙述的:如果做某件事情第一步有 $M$ 种选择,下一步有 $N$ 种选择,那么连续完成这两步有 $M \times N$ 种不同的选择.这样,如果一个女的有 5 件上衣和 3 条裙子,那么她有 $5 \times 3 = 15$ 种选择.因为 5 件上衣($B_1, B_2, B_3, B_4, B_5$)的每件可以和三条裙子($S_1, S_2, S_3$)中的任何一件搭配,产生下面 15 种组合:$B_1, S_1$;$B_1, S_2$;$B_1, S_3$;$B_2, S_1$;$B_2, S_2$;$B_2, S_3$;$B_3, S_1$;$B_3, S_2$;$B_3, S_3$;$B_4, S_1$;$B_4, S_2$;$B_4, S_3$;$B_5, S_1$;$B_5, S_2$;$B_5, S_3$.从一个有 4 道开胃菜、7 道主菜和 3 个甜品的菜单中,假设他是每个品种点一道菜的,则他可以设计出 $4 \times 7 \times 3 = 84$ 种不同的晚餐的配餐形式.

同样,掷一对骰子有 $6\times6=36$ 种可能结果;第一个骰子中的6个数字中的任何一个都可与第二个骰子中的6个数字中的任何一个结合.而第二个骰子的数字不同于第一个骰子数字的可能结果是 $6\times5=30$ 种;第一个骰子中的6个数字中的任何一个都可与第二个骰子中剩下的5个数字中的任何一个结合.掷三个骰子的可能结果是 $6\times6\times6=216$ 种;掷三个骰子数字都不同的可能结果是 $6\times5\times4=120$ 种.

这个原理在计算大数时是难以预料的.比如说,不拨打区号时我们所能拨打的电话总数是 $8\times10^6$ 种,或者8百万种.第一位可以填上8个数字中的任何一个(通常地,0和1是不用在第一位的),第二位可以填上10个数字中的任何一个,如此下去,直到第七位.(确实存在一些在某些位置和数字的限制,使得我们能拨打的电话总数达不到8百万.)类似地,一个州可能的牌照总数是 $26^2\times10^4$ 种.牌照都是两个字母后加4个数字,如果不允许重复,那么可能的牌照数目是 $26\times25\times10\times9\times8\times7$ 种.

西方八国领导人聚在一起举行商业峰会,会后一起照相,则有 $8\times7\times6\times5\times4\times3\times2\times1=40\,320$ 种站成一排的不同方法.为什么呢?从这40 320种排法中,有多少种排法使得里根(Reagan)总统和撒切尔夫人(Prime Minister Thatcher)相邻而站呢?为了解决这个问题,我们假设里根总统和撒切尔夫人站在一个大大的粗麻布袋中.这七个实体(六个剩下的领导人和一个粗麻布袋)排成一排有 $7\times6\times5\times4\times3\times2\times1=5\,040$ 种方法(再次用到乘法原理).这个数要乘2,因为一旦里根总统和撒切尔夫人从粗麻布袋出来,我们可以选择这两个相邻的领导人的其中一位站在前.因此八国领导人站成一排,并使得里根总统和撒切尔夫人相邻而站的方法数是 10 080.如果这些领导人随便站位,里根总统和撒切尔夫人相邻的可能性为 $\frac{10\ 080}{40\ 320} = \frac{1}{4}$.

莫扎特曾经写过一支华尔兹舞曲,在那里他详细说明了在乐曲的 16 个小节中的 14 小节有 11 种可能选择的状态,另一个小节有 2 种可能选择的状态.这样,存在 $2 \times 11^{14}$ 种不同的华尔兹舞曲,而我们仅仅听到非常小的一部分.同样道理,法国诗人雷蒙·格诺(Raymond Queneau)曾经出版过书名为《万亿诗体》(《cent mille milliards de poemes》)的一本书,其中每隔十页有一首十四行诗.这些页面能够分别地拆散开来,使得每首十四行诗的每一行都能任意翻转,前十行的任一行都能与第二个十行中的任何一行结合,如此等等.昆尼宣称可以得到 $10^{14}$ 首有意义的十四行诗,可以肯定,这个论断决不会得到验证.

总之,人们并不理解,看起来很大的集合能怎样地大.一个体育新闻记者在报纸上曾经建议:棒球经理应该在每一场比赛中,让他们队伍中 25 名队员中的一个 9 人组合上场,从所有不同组合的比赛中找出最佳的 9 人组合.对于这个建议,我们可以有多种理解,但是比赛场数是如此之大,没等到队员们打完所有的比赛,队员们早就去世了.

### 三勺锥冰激凌 [1] 和冯·诺伊曼(Von Neumann's)戏法

巴斯基·罗宾斯(Baskin-Robbins)冰激凌店大厅里的广告说,他们有 31 种不同风味的冰激凌.在没有重复的情况下,可能的三勺锥冰激凌的数目是 $31 \times 30 \times 29 = 26\ 970$ 种;31 种风味的任

---

[1] 三勺锥冰激凌是用三种不同的冰激凌在锥杯上由上到下排列组合成的一种冷饮.——译者注

何一种都可以在上面,剩下的 30 种中的任何一种都可以在中间,以及剩下的 29 种中的任何一种都可以在底部.假如我们对这种三勺锥冰激凌中的风味怎样排序不感兴趣,而只关心有多少种 3 个不同风味的冰激凌,我们会得到 4 495 种,就是把 26 970 除以 6.我们除以 6 的原因是有 6 = 3×2×1 种不同的方法去对三种风味进行排序.比如说,一个含有草莓、香子兰、巧克力的冰激凌有 6 种排序:草莓—香子兰—巧克力,草莓—巧克力—香子兰,香子兰—草莓—巧克力,香子兰—巧克力—草莓,巧克力—草莓—香子兰,巧克力—香子兰—草莓.由于这 6 种排序对任何 3 种风味的冰激凌锥都是一样的,因此这样的冰激凌锥的数目是 $\dfrac{31×30×29}{3×2×1} = $ 4 495.

　　一种缺少食欲的例子是许多州的抽奖奖券,它们要求赢取奖券的人从 40 个可能的号码中选出 6 个.假如我们考虑这 6 个号码的抽取顺序,则有 40×39×38×37×36×35 = 2 763 633 600 种方法来选取它们.但是如果我们仅仅对被选取的 6 个号码所组成的集合(我们还是讨论抽奖的情况)感兴趣,对它们被选出的顺序不

感兴趣,那么我们把 2 763 633 600 除以 720 得到这样集合的数目是 3 838 380.除法是必要的,因为有 720＝6×5×4×3×2×1 种方法在任何 6 个号码的集合中进行排序.

　　另一例子是,一手 5 张扑克牌的可能种类的数目,这是一个对牌手有重要意义的例子之一.假如与那 5 张牌的发牌顺序有关,则有 52×51×50×49×48 种可能的发牌方法.如果不考虑顺序,我们将上述那个积除以 5×4×3×2×1,就会得到 2 598 960 种可能的一手牌.那个数目一旦确定,几个有用的概率就可以计算出来.比如,能分到 4 张 A 的概率是 $\dfrac{48}{2\,598\,960}$$\left(大约等于 \dfrac{1}{50\,000}\right)$.这是因为有 48 种可能的方法能够分得这样的一手牌,4 张 A 及其相应的第五张牌可以是剩下的 48 张牌中的任何一张.

　　注意到,上述三个例子中得到的数目的形式都是一样的:

$\dfrac{31×30×29}{3×2×1}$ 种不同的三种风味冰激凌;

$\dfrac{40×39×38×37×36×35}{6×5×4×3×2×1}$ 种从 40 个号码中抽取 6 个的不同方法的数目;

$\dfrac{52×51×50×49×48}{5×4×3×2×1}$ 种不同的一手扑克牌.

　　用这种方法得到的数目叫做组合数.对于组合数,我们只对从 $N$ 个元素中选取 $R$ 个的方法数感兴趣,而不关心这 $R$ 个元素被选取时的顺序.

　　一个类似乘法原理的方法可以用来计算概率.如果两个事件是相互独立的,即在某种意义上,一个事件的结果对另一个事件的结果不产生任何影响,那么这两个事件同时发生的概率就是每

个独立事件概率的乘积.

例如,抛两个硬币时得到两个正面的概率是 $\frac{1}{2} \times \frac{1}{2} = \frac{1}{4}$.因为抛两个硬币会出现四个等同的结果——反面,反面;反面,正面;正面,反面;正面,正面.其中一个就是一对正面.同样的道理,抛 5 个硬币,抛得 5 个正面的概率是 $\left(\frac{1}{2}\right)^{5} = \frac{1}{32}$,因为 32 个等同概率事件中只有一个是连续出现 5 个正面的.

因为一个轮盘赌轮停在红色区域的概率是 $\frac{18}{38}$,并且由于轮盘赌轮每次的旋针都是独立的,所以轮盘赌轮连续 5 次旋针均停在红色区的概率是 $\left(\frac{18}{38}\right)^{5}$(或者约是 0.024 或 2.4%).类似地,随便选一个不是出生在 7 月份的人的概率是 $\frac{11}{12}$.已知人们的生日是相互

独立的,因此任意选 12 个人都不在 7 月份出生的概率是 $\left(\dfrac{11}{12}\right)^{12}$ (或者约是 0.352 或 35.2%).在概率中独立事件是非常重要的概念,并且当它成立时,用乘法原理能大大地简化我们的计算.

一个最早的概率问题是由一个叫阿托·哥伯(Antoine Gombaud)的赌徒向法国数学家、哲学家帕斯卡(Pascal)提出的.他想知道下面哪一个事件发生的可能性大一些:用一个骰子掷 4 次至少得到一个 6;用一对骰子掷 24 次至少得到一个 12.只要我们记住一个事件不发生的概率等于 1 减去这个事件发生的概率,用乘法原理我们就足够解决这个问题了(20% 的可能性会下雨意味着 80% 的可能性不会下雨).

由于掷一个骰子不出现 6 的概率是 $\dfrac{5}{6}$,掷一个骰子 4 次不出现 6 的概率是 $\left(\dfrac{5}{6}\right)^4$.因此,用 1 减去这个数就给出了后面这种情景(四次不出现 6)不发生的概率,也就是说把一个骰子掷 4 次至少出现一个 6 的概率为 $1-\left(\dfrac{5}{6}\right)^4\approx0.52$.同样地,掷一对骰子 24 次至少得到一个 12 的概率是 $1-\left(\dfrac{35}{36}\right)^{24}\approx0.49$.

两个对立的双方,经常靠抛硬币来决定一个结果.并且,其中一方或者双方都怀疑这个硬币有偏倚.一个聪明的小把戏是,利用乘法原理使得争论者利用有偏倚的硬币,仍然能够得到公平的结果.这个办法是由数学家冯·诺伊曼所提出的.

抛这个硬币两次.如果得到的结果是两个都是正面或者都是反面,那么重新抛两次.如果结果是正面—反面,那么这个结果是第一方获胜;如果结果是反面—正面,那么结果是第二方获胜.如果硬币是有偏倚的,这两种结果出现的概率是相同的.例如,如果这个硬币每次抛得正面的概率是 60%,抛得反面的概率是 40%,一个结果是正面—反面的概率是 $0.6 \times 0.4 = 0.24$,并且结果是反面—正面的概率是 $0.4 \times 0.6 = 0.24$.这样,尽管硬币有偏倚,双方仍能信心十足地相信结果的公正性.

一个与乘法原理和组合数有紧密联系的重要知识是概率的二项式分布.它处理一个要么成功要么失败的程序或者实验,我们感兴趣的是在 $N$ 次实验中有连续 $R$ 次成功的几率.如果一个投币式自动售货机,售卖苏打水溢出的几率是 20%,那么在连续 10 杯中恰好有 3 杯溢出的几率是多少呢?问题改成至多是 3 杯呢?一个有 5 个小孩的家庭中,恰好有 3 个是女孩的几率是多少?那么,至多是 3 个呢?如果在所有人之中,有 $\frac{1}{10}$ 拥有某种血型,我们任意挑选 100 人,恰好有 8 人是我们要问的那种血型的几率是多少呢?至多 8 人呢?

现在,考虑关于投币式自动售货机的问题.这部机器售卖的苏打水有 20% 从杯中溢出.用乘法原理可以算出前 3 杯苏打水溢出而后面 7 杯没溢出的概率是 $(0.2)^3 \times (0.8)^7$.但是在 10 杯苏打水中,有很多不同的方法使恰好有 3 杯溢出,每种方法的概率是 $(0.2)^3 \times (0.8)^7$.这可能是前面 3 杯;或者是第 4、第 5、第 9 杯,如此等等.这样,由于从 10 杯苏打水中,挑出 3 杯总共有 $\frac{10 \times 9 \times 8}{3 \times 2 \times 1} = 120$ 种不同的方法(组合数).所以,恰好有 3 杯苏打水溢出的几率是 $120 \times (0.2)^3 \times (0.8)^7$.

至多有 3 杯溢出的概率.由已经算出的恰好有 3 杯溢出的概率加上恰好有 2 杯、1 杯、0 杯溢出的概率,就是我们的结果.这里每个概率都可以用类似的方法计算.令人高兴的是,有许多制表和好的估算可以简化这些计算.

### 朱利亚斯·凯撒和你

最后给出两个乘法原理的应用——一个有点令人感到沮丧,另一个则让人在某种程度上感到兴奋.第一个是不被一系列疾病和其他不幸中的任何一个所折磨的概率.不死于车祸的概率是 99%,而我们能够不死于家庭事故中的概率是 98%.我们能够不死于呼吸道疾病的概率是 95%;能够不死于痴呆症的概率是 90%;能够不死于癌症的概率是 80%;能够不死于心脏病的概率是 75%.这些数字仅仅用来举例说明而已,但是,可能要在一系列长长的紧急可能性之中,才能做出精确的估计.虽然你能够避免任何一种疾病或者事故的概率还是令人感到鼓舞的,但是能够避免所有的疾病的概率却不容乐观.假设这些不幸事件是相互独立的,我们用乘法原理来计算上面列出的所有事件的可能性,结果乘积小却增长很快,这令人相当不安:我们完完全全能够免于上面列举的几种不幸事件的概率只比 50% 小一点.这有点令人寝食难安,因为这个平平淡淡的乘法原理,生动地把我们必死的真理形象地刻画出来.

现在,我们来看看一种永恒持久的好消息.首先,我们先深呼吸一次.假设莎士比亚(Shakespeare)的记录是正确的,朱利亚斯·凯撒喘息着说"你也在内吗? 布鲁特斯(Brutus)[1]",而后

---

[1] 古罗马的政治家和将军,图谋暗杀其义父凯撒,在国家的争权战中失利并自杀.

呼出他的最后一口气.那你吸入朱利亚斯·凯撒最后一口气中一个分子的几率是多少呢？令人吃惊的是,你确实刚好吸入这样的一个分子的几率大于 99％.

请那些不相信我的朋友们,看看我的解释吧:假设经过两千年后,那呼出的分子均一地扩散到全世界,并且绝大多数的分子仍然自由地在空气中游动.给定这些合理有效的假设,计算相关的几率就呼之欲出了.如果全世界的空气中有 $N$ 个分子,凯撒呼出其中的 $A$ 个,那么你吸入的任何一个分子都不是来自凯撒的,其几率是 $1-\dfrac{A}{N}$.由乘法原理知道,假如你吸入 3 个分子,它们都不是来自凯撒的几率是 $\left(1-\dfrac{A}{N}\right)^3$.相似的,假如你吸入 $B$ 个分子,它们都不是来自凯撒的几率是 $\left(1-\dfrac{A}{N}\right)^B$.从而,考察互补事件——即你至少吸入 1 个凯撒呼出的分子的几率是 $1-\left(1-\dfrac{A}{N}\right)^B$.$A$、$B$（每个大约是 $\dfrac{1}{30}$ 摩尔,或者 $2.2\times10^{22}$ 个分子）,$N$（大约有 $10^{44}$ 个分子）使得这个几率超过 0.99.它激起我们的好奇心,至少在这种极小意义下,最终我们每个人都是另一个人的一部分,当然,别人也是我们的一部分.

# 第 2 章

## 概率和巧合

在漫长的时间进程中,虽然机会总是到处流窜,但是,仍有数不胜数的巧合很自然地发生了,对此我们一点儿也不感到惊奇.

——普卢塔克(Plutarch)[1].

"你也是摩羯座的,这真是太令人兴奋了."

有一个经常旅行的人,非常害怕他所乘坐的飞机上藏有炸弹.他计算了藏有炸弹的可能性,虽然这个可能性已经很小了,但是对他来说还不够小,所以每次旅行时,他总是在他的手提箱里放上一枚炸弹.他这样做的理由是,在飞机上同时有两枚炸弹的可能性是无限小的.

### 一个生日和一个特定的生日

西格蒙德·弗洛伊德(Sigmund Freud)曾说过,不存在巧合

---

[1] 普卢塔克(46—120),古希腊历史学家.——译者注

的事情.卡尔·俊(Carl Jung)谈论过同一性的奥秘.总的来说,人们喜欢滔滔不绝地瞎扯各地的一些有讽刺意味的事件.不管我们称它们为巧合、同一性,抑或是有讽刺意味的事件,这些事件的发生比起绝大多数的人们所认识到的还要平常.

一些有代表性的例子,"哦,我邻居的女儿认识那所学校原来的拉拉队队长,并且我邻居的儿子曾为那所学校的校长剪过草坪,而我的妹夫正是在那所学校上学."——"自从今天早上卡洛琳(Caroline)告诉我,她担心儿子在野外的湖泊钓鱼,已经有五个关于鱼的话题了,包括午餐吃鱼、卡洛琳服装上鱼的图案……"——哥伦布(Columbus)在1492年发现新大陆,而他的意大利同胞在1942年发现原子世界的新奥秘.——"你说过你要赶上他,但过了一会儿你说要不落后于她.你脑海里想的是什么,这是很明显的."——芝加哥西尔斯大厦与纽约伍尔沃斯大厦高度的比例,和一个质子与一个电子质量的比例有相同的四位有效数字(1.816对1816).里根——戈尔巴乔夫(Gorbachev)的《中程核力量条约》是在1987年12月8日签订的,那天恰好是约翰·列侬(John Lennon)[1]被杀七年纪念日.

数盲们一个主要的特征,是过分地低估发生巧合的频繁性.他们常常将历史上有重要意义的事件,与各种没什么意义的平凡小事对应起来.如果他们预见到其他人的想法,或者做了一个好像就要成真的梦,甚至读到一篇文章,里面提到"总统肯尼迪(Kennedy)的秘书叫做林肯,而总统林肯的秘书名字为肯尼迪",这些都为数盲们的巧合观提供例证.因为某些不可思议、但是神秘

---

[1] 约翰·列侬(1940—1980),英国著名乐队——披头士乐队的重要成员.——译者注

的事件,在某种程度上与他们个人所持有的世界观是协调一致的.比起上面的例子,少数的几个经历让我更加感到沮丧,因为我遇到某些人,他们看起来很聪明并且很开放.一开始,他们就询问我的星座,然后不管我给何种印象,他总是抢着说:我的性格特征跟那个星座的特征是一样的.

我们看看发生巧合的可能性吧,它常常令人感到惊奇.下面众所周知的概率结果将提供证明.由于一年有366天(如果把2月记成29天),从排成列的367人中,我们能够肯定,在其中至少有2人是同一天出生的.为什么呢?

现在,如果仅仅50%的概率,就能让我们感到满意,那么又该怎样呢? 也就是说,在一个多少人的小组中才能有一半的概率,使得其中至少有2人有相同的生日? 可能人们一开始会猜是183人——大概是365的一半.然而,令人感到吃惊的是,答案仅仅需要23人.换种不同的说法就是:随便挑选23人,就足够保证至少有一半的次数,使得其中有2人或者更多的人有相同的生日.

对不相信这个结果的那些读者,我在这里给出一个简单明了的推导过程.选取五个日期的方法数(允许重复),用乘法原理算得$365 \times 365 \times 365 \times 365 \times 365$.在这$365^5$种方法中,没有两个日期是相同的方法仅有$(365 \times 364 \times 363 \times 362 \times 361)$种;一年365天中的任意一天都能被选作第一天,剩下的364天中的任意一天都能被选作第二天,如此等等.这样,我们将后面得到的乘积$(365 \times 364 \times 363 \times 362 \times 361)$除以$365^5$,就得到了——任意选取五个人,使得其中任意两个人没有相同的生日——可能性.用23个日期而不是5个日期做类似的计算,我们能算得$\frac{1}{2}$、或者50%.也就是说,23 人之中至少有 2 人在同一天出生的可能性是 50％.

两年前,在一个詹妮·卡森(Johnny Carson)主持的电视娱乐节目中,有位嘉宾阐述了这个结论.詹妮·卡森不相信,指出在演播室中大约有 120 位观众,他问观众们有谁与他在同一天出生,也就是说在 3 月 19 日出生.结果没有人.而在反驳时,那个并不是数学家的人却说了一些不可理喻的话.他应该说的是 23 个人之中有 50％的概率使得至少有两人有一个共同的生日,而不是任何像 3 月 19 日这样特殊的生日.如果要在一群人当中有 50％的概率,找到某个人的生日刚好是 3 月 19 日,这需要许多人,准确地说,需要 253 人.

我们简单地推导这个事实:由于没有人在 3 月 19 日出生的概率是 $\frac{364}{365}$,并且由于每个人的生日都是相互独立的,因此两个人的生日都不是 3 月 19 日的概率是 $\frac{364}{365}\times\frac{364}{365}$.这样子,$N$ 个人的生日都不是 3 月 19 日的概率是 $\left(\frac{364}{365}\right)^N$,并且可以通过计算得到当 $N=253$ 的时候,$\left(\frac{364}{365}\right)^N$ 约等于 $\frac{1}{2}$.因此,互补的概率事件,也就是在 253 个人之中至少有 1 个人在 3 月 19 日出生的概率是 $\frac{1}{2}$,即 50％.

从中我们得到启迪——一个看似不可能的事件往往比某一特定事件更有可能发生.一个叫马丁·加德纳(Martin Gardner)的数学作家,举例说明了,一个纺织工人在衣服上用 26 个英文字母编织时,产生一个单词与产生某个特定单词的区别.如果让纺织工人编织 100 次,所编织的字母都作了记录,那么单词"cat"或者"warm"出现的概率是非常小的,但是一个单词出现的可能性将很高.既然我一开始就引入星象学的例子,即加德纳关于每个月和行星第一个字母的例子,在这里就显得特别合适.月份——JFMAMJJASOND[1]——给出"JASON"这个单词,行星——MVEMJSUN[2]——拼出单词"SUN".是不是觉得意义重大呢?不是.

一个自相矛盾的结论:让一个本来不太可能的事件不发生是不太可能的.如果你没能精确地预测事件,那么这种类型的事件发生的方法数目将是很不确定的.

我们将在下一章讨论医疗骗子和电视上的福音主义,但是我应该在这里提及的是:他们的预测是如此的模糊,以至于他们所预测的事件发生概率很高;只有那些很详细的预测才很少成真.就像最近的一位报纸特聘的占星家一样,他预测说,我们国家有某个著名的政客将会进行一项性交易,这个可能性,当然比起预测纽约市长高池(Koch)将会进行一项性交易的可能性要高得多.当电视上的福音主义者大声叫唤病人的症状时,有一位电视观众的胃疼会减轻,比起一个特定的观众的胃疼会减轻的可能性会高很多.同样地,从长远来看,投保对任何灾祸都补偿的保险,比起投保某一种特定的疾病和旅行的费用要便宜得多.

---

[1]　由于一到十二份的英文分别是"January、February、March、April、May、June、July、August、September、October、November、December",因此月份的第一个字母组成的序列是JFMAMJJASOND.

[2]　由于火星、金星、地球、水星、木星、土星、天王星、海王星的英文分别是 Mars、Venus、Earth、Mercury、Jupiter、Saturn、Uranus、Neptune,因此八大行星的第一个字母组成的序列是MVEMJSUN.

**巧遇**

　　两个来自美国不同方位的陌生人,在去密尔沃基的商业行程中,相邻而坐.在谈话中,他们发现其中一个人的妻子所参加的网球夏令营,是另一个人所认识的熟人升办的.其实,这种类型的巧遇是相当平常.人们可能会对此感到惊讶.假定全美国大约有2亿成年人,每个人认识1 500人,并且这1 500人合理地分散在全国各地.那么,大约有1%的概率他们会有一个共同的熟人,且他们会被两个中间人联系起来的概率超过 99%.

　　于是,在这些假设中,在某次商业行程中任意选定两个彼此不认识的陌生人.我们几乎可以肯定,他们被两个(或一个)中间人联系起来.因此,在聊天中,不管他们从各自认识的 1 500 人中,还是从这 1 500 人的熟人中,能够找出那联系他们的中间人——这是多么让人感到不可思议的事情啊!

　　在某种程度上,这些假设也可以放宽一些.可能一般的成年人认识的成年人不超过 1 500 个,更可能的是,他或她所认识的绝大多数人都住在附近,而不是遍及全国各地.就算是在这种情况之下,任意选定两个人,他们被两个中间人联系起来的概率还是出奇的高.

对理解巧遇的一种经验主义方法,由心理学家斯坦利·密尔格拉姆(Stanley Milgram)采用了.任意选定一个小组,他给小组的每个成员一份文件,以及一个要将文件传送到的目标人(与那个成员不同).每个人都是把文件往另一个人的方向传,只要那个人知道另一个人是最可能知道目标人的.并且另一个人也类似地往其他人传送文件,直到传送到目标人为止.密尔格拉姆发现,中间的联系人从 2 延续到 10 不等,但是 5 是出现得最频繁的数字.尽管这个研究没有先前关于巧遇的讨论那样引人注目,但让人印象更加深刻.它以某一方式解释了,不管是多么秘密的消息、谣言以及笑话,通过人们传播的速度是多么快啊!

如果目标人是众所周知的,那么中间人的数目将更加小,特别是当你与一或两位名人有联系的时候.在你和里根总统之间有多少中间人呢? 假设这个数字是 $N$.由于里根总统见过苏联总书记戈尔巴乔夫,因此在你和戈尔巴乔夫之间的中间人至多是 $(N+1)$.你和埃尔维斯·普雷斯利(Elvis Presley)[1]之间有多少中间人呢? 这个数字不可能大于 $(N+2)$,因为里根会见过尼克松(Nixon),而尼克松见过普雷斯利.当人们意识到他们几乎与任何一位名人的联系很紧密时,绝大多数的人们会感到非常惊讶.

当我还是大学一年级的新生时,我写了一封信给英国哲学家

---

[1]　埃尔维斯·普雷斯利(1935—1977),美国歌手.他的许多成功的歌带,如"伤心旅馆""灰狗"和"不要冷酷",及其富有魅力的风度,对美国大众文化影响很大.

兼数学家贝特朗·罗素(Bertrand Russell)[1],告诉他,从初中的时候起,他就是我的偶像,并向他要一些那时他正在写的,关于黑格尔(Hegel)逻辑理论的文章.他不仅回了信给我,还把这篇回信收入到他的自传中.在他的自传中,还有尼赫鲁(Nehru)、赫鲁晓夫(Khrushchev)、埃利奥特(Eliot)、劳伦斯(Lawrence)、路德维格·维特根斯坦(Ludwig Wittgenstein)[2]以及其他名人.我要说的是,我和这些历史上的名人的中间人只有一个——罗素.

另一个关于巧合发生的平凡性问题,我们将在下文用概率的知识举例说明.这个问题常常被表达成:许多男人在一家饭馆核对他们的帽子,因为那里的服务员已经迅速而随意地弄乱了保管帽子用的号码牌.那么,在离开饭馆的时候,至少有一个男人拿回他自己帽子的概率是多少呢? 很自然地认为,既然有那么多男人,这个概率应该是很小的.但是出乎意料地,至少有一个男人将拿回他自己帽子的概率大约是63%.

用另一种方法提出这个问题:假如有1 000个署有地址的信封和1 000封署有地址的信.这些信被彻底地搅乱了,要将每封信装进一个信封中.同样地,至少有一封信装进它所对应的信封中的概率是63%.或者,拿两副彻底洗过的牌,如果每次同时并且随意地翻开每副牌中的一张,那么至少出现一对完全相同的牌的概率是多少呢? 答案仍然约为63%.(一个围绕中心的小问题是,为什

---

[1] 贝特朗·罗素(1872—1970),英国哲学家、数学家、社会评论家和作家.1950年诺贝尔文学奖获得者.

[2] 尼赫鲁(1889—1964),印度总理,印度独立运动领袖;赫鲁晓夫(1894—1965),前苏共中央第一书记(1958—1964);埃利奥特(1888—1965),美裔英籍批评家与作家,1948年诺贝尔文学奖获得者;劳伦斯(1901—1958),美国物理学家,回旋加速器的发明人,1939年诺贝尔物理学奖获得者;路德维格·维特根斯坦(1889—1951),英国哲学家、数理逻辑学家.

么其中一副牌必须彻底地进行清洗呢?)

我们用邮递员的例子来说明一个简单的数学原理,因为有时我们会使用这个原理来计算某个特定巧合发生的必然性.一个邮递员有 21 封信要往 20 个信箱里投放.由于 21 大于 20,甚至不用看地址,他都能肯定至少有一个信箱将得到一封以上的信件.这种日常的认识,有时我们称之为鸽笼原理或者狄利克雷(Dirichlet)抽屉原理.使用它,有时候我们可以得到一些不那么明显的论断.

我们用它来阐述下面的例子:如果有 367 人站在一起,我们能肯定其中至少有 2 人在同一天出生.一个更加有趣的事实是:至少有两个住在费城的人,在他们的头上有相同数目的头发.考虑一个数目——500 000(它通常被认为是每个人头发数目的最大值).我们用这些人的头发数目来标记 500 000 个信箱.再想象一下,在 2 200 000 的费城人口中,每个费城人就是一封信,把每封信寄到用这个人头发上的数标记的信箱里面.这样子,如果市长威尔逊·古德(Wilson Goode)有 223 569 根头发,那么他被投放到用 223 569 标记的信箱里面.

由于 2 200 000 比 500 000 要大,因此我们可以肯定至少有两个人在他们头上有相同数目的头发,因为某个信箱会收到至少两封信.(事实上,我们能够肯定至少有 5 个费城人有相同数目的头发.为什么呢?)

### 股票市场上的骗局

股票市场顾问满街都有,并且很可能,你会找到一个几乎可以说出你想听的话的顾问.他们通常很自信,很权威,并且说着一口满是买进、卖出、吉尼·玛尔斯(Ginnie Maes),以及零息票等奇怪的话语.然而,根据本人的粗陋经历,尽管略知一二,但他们中的大多数,只是在那里装腔作势罢了.

如果连续 6 个星期,你都从某个股票市场的顾问中收到每星期对某一个股市指数行情正确预言的邮件,然后这个顾问要求你为第七个星期中这样的预言付费,你愿意吗?假设你对某种股票的投资非常感兴趣,进一步,我们假设这个问题刚好就在这个股市将要在 1987 年 10 月 19 日全面崩溃之前提出来.不管你愿不愿意为第七个星期的股市预言付费,我们先来看看下面的骗局吧.

有一个自称为股市顾问的人,用 32 000 个特制的信封贴上标签,装上对某个股市指数行情预言的信,寄给这个股市潜在的投资者.在信件中,他介绍他的公司精心制作的电脑模型、他自己的专业金融知识以及他们与这个股市的内部联系.在其中的 16 000 封信中,他预言股市行情指数在这个星期会上升;在另外的 16 000 封信中,他预言股市行情指数在这个星期会下降.不管股市行情到底是升还是降,后续的信件继续寄往起初收到所谓正确预言的 16 000 位投资者.对他们中的 8 000 人,那个自称的顾问预言,下个星期指数将会上升;对另外的 8 000 人,他预言下个星期指数将会下降.现在,不管发生了什么事,8 000 人将会得到两个正确的预言.再一次地,对那剩下的 8 000 人继续寄信,其中 4 000 封预言股市指数行情下周会上升,4 000 封预言下周会下降.到现在为止,不管结果如何,4 000 个人已经收到一直都是正确的预言.

重复几次这样的步骤,直到有 500 个人收到连续六个星期一直都是正确的"预言".那自称为股市顾问的人现在提醒这 500 人,既然他们已经收到连续六个星期一直都是正确的"预言",如果他们想继续收到对第七个星期有价值的预言,你们应该每人支付 500 美元.假如他们全都交付了,那个顾问就能够得到 250 000 美元的收入.如果这是有意而为之的,那么就是骗子行为.但是如果这是由某个业务精通并且热心肠的出版人、信仰疗法者或者电视上的福音主义者做的,这还是可以接受的.任何你愿意相信的事情,总是存在足够多的成功事例来为它提供佐证.

现在考虑一个非常不同的问题,我们将用股票市场预言成功的奇怪解释来对它进行说明.由于这些问题在形式上的多样化常常难以比较,加上数量非常之多,使得所有人所经历的并不一样.那些总在碰运气、死缠烂打的人,通过他自己的人生经历,最终总会平下心来.但是,总是有那么一些人,他们会做得极其好,并且会大声发誓,他们所使用过的系统是多么有效.很快地,其他人就会遵循他们的方法,使得这种方法成为流行,而不理会它是毫无根据可言的.

有一种很强的倾向——省略糟糕的和失败的事件,而专注于漂亮的和成功的事件.赌场支持这种倾向,它们让赢币的老虎机灯光闪烁,掉下来的硬币在其金属盘中丁当作响,使得四面八方都有赢币的场景.看到那些闪烁的灯光,听到那些丁当作响的声浪,人们很容易得到每个人都在赢钱的印象.而失败者却在沉默不语.下面的例子,道理也是一样的:那些股市赚大钱的事例被大肆宣扬,而那些在股市中破产的事件则闭口不谈;信仰疗法者,对病人病情的偶然改善归功于自己的"妙手回春",而如果他所照顾的一个病人的身体慢慢虚弱,他就会推脱责任.

这种过滤性现象是很普遍的,很多情形并不鲜见.几乎在我们所关心的任何问题上,尽管大范围集合的极值比小范围集合的极值还要大,但大范围集合的平均值,跟小范围集合的平均值还是大概相同的.例如,对一条给定的河流,尽管在24年内的最大洪水的水位比起一年内的很可能高许多,但它在 24 年内的平均水位跟它在一年内的平均水位基本上还是一致的.尽管总的来说,美国最好的科学家要比小面积国家比利时的最好科学家要好,比利时科学家的平均水平还是比得上美国科学家的平均水平(我们省略掉一些明显复杂的因素和定义问题).

那又怎样呢?因为人们通常将目光集中在胜利者身上,集中在体育、艺术、科学领域的高端情况,他们总是倾向于将今天的运动员、艺术家或者科学家的成绩跟这些领域中的最好成绩相比较,并从中贬低他们的成绩.一个相关的结果是,国际新闻通常比国内新闻糟糕;国内新闻比省内新闻糟糕;省内新闻比当地新闻糟糕;当地新闻又比你家周边的新闻糟糕.在当地电视新闻中,惨剧的幸存者总是说着类似的话:"我不明白,以前这样的事情在这里从来没有发生过."

最后我要指出的是:在收音机、电影、电视出现以前,音乐家和运动员们是当地绝大多数人所见过的最好的表演者,他们都能吸引当地的观众.而现在,就算是农村里面的观众,他们也不再满足于当地的演艺人员,他们追求世界级的表演天才.在这种意义下,收音机、电影和电视这类媒体,对观众来说是有益的,但对表演者来说可并非如此.

**期望值:从血液检查到三颗骰子赌博机**

虽然巧合或者极值是引人注目的,但是总的来说,平均值或者说是"期望值"能给我们提供更多的信息.一个变量的期望值是这个变量在试验中每次可能结果的概率乘其结果的总和,它是通过这个变量每一个取值出现的概率来衡量的.例如,如果一个变量取值为 2 的概率是 $\dfrac{1}{4}$，取值为 6 的概率是 $\dfrac{1}{3}$，取值为 15 的概率也

是 $\dfrac{1}{3}$，剩下的 $\dfrac{1}{12}$ 取值是 54，那么它的期望值等于 12，这是因为 $2\times$

$\dfrac{1}{4}+6\times\dfrac{1}{3}+15\times\dfrac{1}{3}+54\times\dfrac{1}{12}=12.$

　　我们用一个简单的例子来说明，考虑一个家庭保险公司。假设这个公司有足够的理由相信：平均每年的保险单中，有 $\dfrac{1}{10\,000}$ 的机会将获得 200 000 美元的盈利；有 $\dfrac{1}{1\,000}$ 的机会将获得 50 000 美元的盈利；有 $\dfrac{1}{50}$ 的机会将获得 2 000 美元的盈利；剩下的机会不赚不亏。保险公司很想了解，平均每一份定下来的保险单能给它带来多少红利？在这种情况下，答案就是它的期望值——$\$200\,000\times$

$\dfrac{1}{10\,000}+\$50\,000\times\dfrac{1}{1\,000}+\$2\,000\times\dfrac{1}{50}+\$0\times\dfrac{9\,789}{10\,000}=\$20+$

$\$50+\$40=\$110.$

　　计算在老虎机赔金期望值的方法也是一样的。先把每一类赔金乘它出现的概率，然后将这些乘积加起来就是奖励的期望值。例如，如果所有转盘均是樱桃的赔金是 80 美元，它出现的概率是

$\left(\dfrac{1}{20}\right)^{3}$（假设在三个转盘中，每一个转盘有 20 个元素，其中仅有一

个是樱桃），将 80 乘 $\left(\dfrac{1}{20}\right)^{3}$ 得到的乘积，加上其他类型赔金与它们各自出现的概率的乘积（将输掉的钱看成是负赔金），就得到在老虎机上赔金的期望值。

一个有点令人感到兴奋的例子是:假设一个医院要对某种疾病进行普查,为此要检查每个人的血液.大概 100 个人之中就有 1 个人患这种疾病.人们每 50 个人一组地来到医院检查,这时,院长想知道,是否应该将 50 个人的血液样本混合在一起进行检查,来代替对他们每个人的检查.如果样本血液呈阴性,院长可以肯定 50 个人都是健康的;如果呈阳性,这时他需要对每个人进行血液检查.假如院长将血液样本混合在一起来检查,这时检查次数的期望值是多少呢?

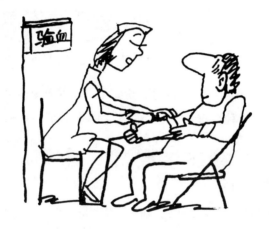

院长将要么进行一次检查(如果混合样本溶液呈阴性),要么进行 51 次检查(如果混合样本溶液呈阳性).由于一个人是健康的概率是 $\frac{99}{100}$,因此 50 个人都是健康的概率是 $\left(\frac{99}{100}\right)^{50}$.这样,院长只需进行一次血液检查的概率是 $\left(\frac{99}{100}\right)^{50}$.另一方面,因为至少有一人患这种疾病的概率是 $\left[1-\left(\frac{99}{100}\right)^{50}\right]$,所以他要进行 51 次血液

检查的概率是 $\left[1-\left(\dfrac{99}{100}\right)^{50}\right]$.因此,需要检查次数的期望值是

$$1 \text{ 次} \times \left(\dfrac{99}{100}\right)^{50} + 51 \text{ 次} \times \left[1-\left(\dfrac{99}{100}\right)^{50}\right] \approx 21 \text{ 次}.$$

如果有许多人进行血液检查,医院院长可以从 50 个人的每一血液样本取一部分出来,将它们混合后进行检查.如果必要的话,他也可以对剩下的 50 个样本进行逐个的检查——这样的做法是挺聪明的,因为平均来说,每 50 个人只需要检查 21 次.

对期望值的理解,有助于我们分析绝大多数赌场里的赌博游戏,以及狂欢节时在美国中西部和英格兰玩的那种鲜为人知的三颗骰子赌博机.

对三颗骰子赌博机的分析是很有说服力的.你从 1 至 6 之中选取一个数字,然后机器掷出三个骰子.如果三个骰子掷出的数字都是你选取的数字,机器会支付你 3 美元;如果三个骰子中有两个是你选取的数字,机器会支付你 2 美元;如果三个骰子中只有一个是你选取的数字,机器会支付你 1 美元.只有当选取的数字没有出现在所有三个骰子上时,你才需要付给它钱——仅需 1 美元.掷三个骰子,你有三个机会能赢,并且有时你会赢取 1 美元以上,而 1 美元则是你的最大损失.

可能琼·瑞夫斯(Joan Rivers)会问:"我们能否对赢钱的期望值进行推算呢?"(如果你不喜欢推算,你可以跳到本节的最后部分.)很明显地,不管选取什么数字,你赢钱的概率都是一样的,所以为了使推算更加详细而明确,假设你总是选取 4.由于每个骰子都是独立的,三个骰子掷出的数字都是你选取的数字 4 的概率是 $\dfrac{1}{6} \times \dfrac{1}{6} \times \dfrac{1}{6} = \dfrac{1}{216}$,因此大概有 $\dfrac{1}{216}$ 的概率你将赢取 3 美元.

计算掷出的三个骰子中有两个是 4 的概率比较困难,除非你用到第一章提到的二项式概率分布,在这里,我将再一次对它进行推导.4 在三个骰子中的两个出现,有三种两两互不相同的形式:$X44$、$4X4$、$44X$,其中 $X$ 表示不是 4 的数字.其中,第一种形式的概率是 $\frac{5}{6} \times \frac{1}{6} \times \frac{1}{6} = \frac{5}{216}$,第二、第三种形式的概率也是 $\frac{5}{216}$.把它们相加,我们得到有 $\frac{15}{216}$ 的概率将在三个骰子中出现两个 4,也就是说有 $\frac{15}{216}$ 的概率你将赢取 2 美元.

在三个骰子中得到一个 4 的概率,我们同样可以将它分成三种两两互不相同的形式.我们得到 $4XX$ 的概率是 $\frac{1}{6} \times \frac{5}{6} \times \frac{5}{6} = \frac{25}{216}$,这也是得到 $X4X$、$XX4$ 的概率.把它们相加,我们得到 $\frac{75}{216}$ 的概率将在三个骰子中出现一个 4,也就是说有 $\frac{75}{216}$ 的概率你将赢取 1 美元.为了找出掷三个骰子时没有一个是 4 的概率,我们计算剩下的概率.也就是,我们用 1(或 100%)减 $\left(\frac{1}{216} + \frac{15}{216} + \frac{75}{216}\right)$ 得到 $\frac{125}{216}$.这样,当你玩三颗骰子赌博机时,216 次中平均有 125 次你会输掉 1 美元.

因此,你将会赢钱的期望值——$\$3 \times \frac{1}{216} + \$2 \times \frac{15}{216} + \$1 \times \frac{75}{216} + (-\$1) \times \frac{125}{216} = \$\left(\frac{-17}{216}\right) \approx -\$0.08$.也就是说,当你玩这个看起来挺吸引人的游戏时,平均每一局你会输掉大约 8 分钱.

**选择配偶**

相爱有两种途径——用心和用脑.这两种途径中,没有一种能够单独很好地起作用,但两种结合在一起——它们还是不能太好地起作用.然而,两种结合在一起更可能促成一桩成功的婚姻.每当想起逝去的旧爱,浪漫的人可能会哀叹已经错失了好时机,并且断定他或她也将不会像以前那样爱她或他那么深了.那更多地用脑去爱的人,可能对下面的概率结论感兴趣.

我们考虑的一个模型:我们的女神——称她玛桃(Myrtle)吧——有理由相信在她的约会生涯中,她将会遇到 $N$ 位潜在的配偶.这里,对某些女人来说 $N$ 可能是 $2$,对其他人来说 $N$ 可以是 $200$.现在摆在玛桃面前的问题是:什么时候我应该接受 $X$ 先生,从而放弃在他后面的求婚者,尽管后面有可能会出现比 $X$ 先生更好的求婚者.假设玛桃连续地遇见那些潜在的配偶,并且她能够判断这些潜在配偶与她相配的程度,如果她放弃某人,这个人就永远地离开.

举例说明吧! 假设至今为止,玛桃已经遇见 $6$ 个这样的男人,她把他们划分为下面 $6$ 个等级:$3\ 5\ 1\ 6\ 2\ 4$.也就是,在她遇见的 $6$ 个人当中,第一个她见到的人是她第三喜欢的,第二个她见到的人是她第五喜欢的,第三个她见到的人是她最喜欢的,如此等等.如果第七个她遇见的人除了她的最爱,比其他人都好,此时她调整自己的划分等级,变成:$4\ 6\ 1\ 7\ 3\ 5\ 2$.在每个男人之后,她不断地调整求婚者的等级.现在,她想了解自己应该遵循怎样的原则,才能使得在她的求婚者中,找到最合适的配偶的概率为最大.

最好策略的推导要用到条件概率(我们将在下一章介绍)的思想和一些微积分知识.但是,这个策略本身介绍起来还是蛮简单的.我们称一个比前面所有求婚者都要好的求婚者为情人.玛桃应该放弃 N 个候选人中的大约 37%,然后接受后面的求婚者中的第一个称为情人的人(如果还有的话).

例如,假设玛桃不是太迷人,可能遇见四个符合条件的求婚者,并且可以进一步假设这四个男人平等地以 24 种(24＝4×3×2×1)可能的顺序向玛桃求婚.

由于 37% 在 25% 和 50% 之间,这个策略在这里就很不明确,但是两个最好的策略对应于以下两种形式:(A) 拒绝第一个候选人(N＝4 的 25%),然后接受后面的第一个情人;(B) 拒绝前面的两个候选人(N＝4 的 50%),然后接受后面的第一个情人.策略 A 使得玛桃从 24 种情况中的 11 种成功地选取最合适的求婚者;而策略 B 使得玛桃从 24 种情况中的 10 种成功地选取最合适的求婚者.

所有这些连续的排序序列在下面给出,像前面一样,我们用数字 1 表示玛桃最喜欢的求婚者,用数字 2 表示玛桃第二喜欢的求婚者,如此等等.这样,排序 3 2 1 4 表明了玛桃的第三选择是她第一次遇见的,第二选择是她第二次遇见的,第一选择是她第三次遇见的,最后的选择是她最后才遇见的.标有 A 或 B 的排序表示使用上述策略 A 或 B 时,导致玛桃得到她的第一选择的情形.1234·1243·1324·1342·1423·1432·2134(A)·2143(A)·2314(A,B)·2341(A,B)·2413(A,B)·2431(A,B)·3124(A)·3142(A)·3214(B)·3241(B)·3412(A,B)·3421·4123(A)·4132(A)·4213(B)·4231(B)·4312(B)·4321.

假设玛桃相当迷人,可能遇见 25 个符合条件的求婚者.她最好的策略仍然是拒绝前 9 个求婚者(25×37%≈9),然后接受后面第一个情人.我们能够通过制表来证明这个结论,只是表格很难处理,我们最好还是用一个一般的证明.(无须多言,假如某人找的是莫迪默,而不是玛桃,相同的分析还是成立的.)

对相当大的值 $N$,玛桃按照37%的法则找到她的意中人拉特先生的概率是37%.然后,她就来到最困难的部分:与她的拉特先生生活在一起.于是,将存在不同的带着浪漫约束的模式.

**巧合和法律**

1964 年,洛杉矶有个扎马尾辫的金发女士抢了另一个妇女的钱包,然后逃走.过一会儿,她被发现进了一辆黄色的小车,开车的是一个留有胡须和髭的黑人.警察经过调查,最终发现一个扎马尾辫的金发女士,并且她常常和一个拥有一辆黄色小车并留有胡须和髭的男子在一起.这些明显的证据把这对夫妇与那起犯罪案件联系了起来,或者任一个证人都能认出两人中的任何一人.无论怎样,对于上面所述的证据,大家都没有任何意见.

检举人争辩说,符合这些特征的夫妇的概率实在太少了,警察调查出了,有这些特征的两人必然是犯人.他对正被讨论的特征进行以下的概率赋值:黄色小车:$\frac{1}{10}$;留有髭的男子:$\frac{1}{4}$;扎马尾辫

的女士：$\frac{1}{10}$；金发女士：$\frac{1}{3}$；留有胡须的黑人：$\frac{1}{10}$；不同人种在同一小车上：$\frac{1}{1\,000}$.检举人进一步争辩说,这些特征是相互独立的,所以任意选取两个有上面所有特征的人的概率是：$\frac{1}{10}\times\frac{1}{4}\times\frac{1}{10}\times\frac{1}{3}\times\frac{1}{10}\times\frac{1}{1\,000}=\frac{1}{12\,000\,000}$,这是一个极其小的数,所以那对夫妇肯定是有罪的.从而,陪审团将他俩定了罪.

案件被上诉到加州高级法院.在那里,根据另一个概率理由,案件被推翻了.辩护律师在法庭上认为,$\frac{1}{12\,000\,000}$并不是相应的概率.在有 2 000 000 对夫妇的洛杉矶,有上面列举的特征的夫妇的概率并不是那么小,至少有一对——那对犯人.根据二项式概率分布和数 $\frac{1}{12\,000\,000}$,有上面列举特征的夫妇的概率可以算得大约是 8%.这个数虽然小,但是已经足够对判定那两人有罪提出合理的质疑.加州高级法院同意辩护律师的观点,并推翻了先前的裁决.

在桥牌中,每人发十三张牌,而且被发到特定的一手牌的概率小于六千亿分之一.同样地,如果某人发到一手牌,仔细地计算出他得到那手特定牌的概率将小于六千亿分之一,然后得出他不可能发到那手特定牌的结论,因为它的出现是几乎不可能的——这将是非常可笑的.

在某些情境中,不大可能的事情经常被人们所期待.每一手桥牌都是不大可能的事物,每一手扑克牌和彩票也都是不大可能的事物.在那对加州夫妇的案件中,不大可能的事物更具有影响性,但是仍然有可能,他们的辩护律师的理由是对的.

顺便提一下,如果从 40 个号码中选取 6 个的所有方法数是 3 838 380 种,并且每一种都是概率相同的.比起选取号码为 1、2、3、4、5、6 的彩票,绝大多数人更愿意选取号码为 2、13、17、20、29、36 的彩票,这是为什么呢? 我觉得这就是一个相当深奥的问题.

在体育运动中,下面不正常的现象也蕴涵在法律上.考虑两个棒球运动员——备伯·鲁思(Babe Ruth)和卢·盖里格(Lou Gehrig).在上半个赛季中,鲁思的击球平均得分数比盖里格的要高;在下半个赛季中,鲁思的击球平均得分数还是比盖里格的要高.但是,整个赛季下来,盖里格却得到比鲁思更高的击球平均得分数.这个例子能成立吗? 当然,我提出了这个纯粹的问题会带来某些疑虑,因为乍看,这样的情形好像是不可能的.

能够发生这样的一种情形是:在上半个赛季中,鲁思的击球平均得分数是 0.300,盖里格的击球平均得分数仅有 0.290,但是鲁思击球 200 次,而盖里格击球 100 次.在下半个赛季中,鲁思击球的平均得分数是 0.400,盖里格的击球平均得分数仅有 0.390,但是鲁思仅仅击球 100 次,而盖里格击球 200 次.结果是盖里格得到比鲁思更高的击球平均得分数:0.357 比 0.333.所以,你不能仅仅计算击球平均得分数的平均值.

七年前,加州发生的一起让人感到好奇的歧视案件,它与棒球击球平均得分数谜在形式上是一样的.了解到一所大学研究生院女申请者的比例,一些妇女提交了法律诉讼,控告这所学校对女生的歧视.行政长官们对这所大学中的各个学院进行考察,想确定在哪所学院中歧视是最严重的.他们发现,在每所学院中,被接纳入学的女申请者比被接纳入学的男申请者要高.但是,女申请者所申请的学院的比例是那么不均,并且她们中的大多数都申请诸如英语、心理学那样的学院,而那些学院只招收申请者中的很少部分.然而,男申请者所申请的学院的比例虽然还是那么不均,他们中的大多数都申请诸如数学、工程学这样的学院,但是这样的学院招收申请者中的比例相对很高.男生允许入学的模式类似于盖里格的击球模式——在击球更容易的下半个赛季中更频繁地击球.

另一个非直觉的问题,涉及表面上的不平衡概率.考虑一个有两个女性朋友的纽约人,其中一个女性朋友住在布朗克斯[1],另一个住在布鲁克林[2].这个纽约人同样地爱着每一个(或者两个都不爱),当他在地铁站时,究竟是搭上北行的列车去到布朗克斯,还是搭上南行的列车去到布鲁克林,这是无关紧要的.由于这两种列车每天都是20分钟一班,这个纽约人觉得,应该让地铁站的列车来决定究竟是去看望谁.所以,他搭上第一辆出现的列车.但是,过了一阵子,那对他倾心的布鲁克林女友开始抱怨他只有 $\frac{1}{4}$ 的约会与她在一起;而那对他日夜思念的布朗克斯女友则开始抱怨他只有 $\frac{3}{4}$ 的约会时间与她在一起.暂且不说这个纽约年轻人没有经验,他的问题出在哪里?

下面是简明的答案,如果读者想自己思考,那么可以跳过.其

---

[1] 美国纽约市最北的一区.——译者注
[2] 美国纽约市西南部的一区.——译者注

实,那个纽约人更常去布朗克斯是由列车的时刻表造成的.尽管都是每20分钟一班,列车的时刻表可能会是:开往布朗克斯,7:00;开往布鲁克林,7:05;开往布朗克斯,7:20;开往布鲁克林,7:25;如此等等.上一班开往布鲁克林的列车和下一班开往布朗克斯的间隙是15分钟,是上一班开往布朗克斯的列车和下一班开往布鲁克林的5分钟间隙的3倍.这就是他有 $\frac{3}{4}$ 的时间在布朗克斯,而 $\frac{1}{4}$ 的时间在布鲁克林的原因.

从传统的测量方法、报告以及周期数量的比较中,无论是政府每月的货币流通量,还是正常人的体温波动,我们都可以得到数之不尽的奇怪结论.

**无偏倚的硬币和一生中的失败者与成功者**

假设我们连续多次地掷一枚硬币,然后得到一系列的正面和反面.比如,正正反正反反正正反正反反正反反正正正反正反反正正反正正反反正反正正反正正反正反正正反正正反反.如果硬币是无偏倚的,我们就会发现一系列十分奇怪的事实.例如,如果有人想弄明白掷出正面的次数超过掷出反面的次数的比例,他可能会对这个比例很少接近50%而感到惊讶.

假设有两个人——彼得(Peter)和保罗(Paul)——每天掷硬币一次,其中彼得赌正面朝上,保罗赌反面朝上.那么,如果到任一给定的时刻,掷出正面多,那么彼得在给定的时间内是领先的;如果到任一给定的时刻,掷出反面多,那么保罗在给定的时间内是领先的.在给定的时间内,彼得或保罗可能领先的概率是相等的,但是,不管谁领先,他将在几乎所有的时间中一直领先.

如果掷1 000次,最后假如是彼得领先,那么比起在 45% 到 55% 的时间内领先的概率,彼得在 90% 的时间内一直领先的概率将更有可能! 同样地,最后假如是保罗领先,那么比起在 48% 到 52% 的时间内领先的概率,彼得在 96% 的时间内一直领先的概率将更有可能!

可能这个不那么直观的结果的原因,是绝大多数人倾向于认为偏离中间值在某种程度上跟橡皮圈一样——偏离中心越厉害,收缩到中心的力也就越大.所谓的赌徒谬论就是错误地相信,既然一个硬币连续出现几次正面,那么下一次更有可能抛出反面(他们对轮盘赌轮和骰子都有类似的看法).

但是,硬币根本不懂任何中间值或者橡皮圈.如果它抛出 519 次正面和 481 次反面,抛出的正面总数和抛出的反面总数的不同之处仅仅在于其中一个数的增加意味着另一个数的减少(总共抛 1 000 次),而一个数增加或者减少都是等可能的.这是千真万确的,尽管随着硬币抛掷次数的增加,抛得正面的次数所占的比例接近于 $\frac{1}{2}$.(赌徒的谬论应该与另一个现象区别开来,这个现象就是回归中间值——这是正确的.如果再抛 1 000 次那枚硬币,那么比起得到大于 519 次正面,我们更可能得到小于 519 次正面.)

在比率方面,硬币还是表现得相当令人满意的:随着抛掷硬币次数的增加,抛出正面与反面的次数的比率接近于 1.但在确切值方面,硬币表现得相当糟糕:随着抛掷硬币次数的增加,抛出的正面总数和抛出的反面总数的不同之处在于它们都会越来越大,但是从抛出正面次数的领先变成抛出反面次数的领先(或者反过来),却变得越来越困难.

在确切值方面,就算是不偏倚的硬币都会表现得相当糟糕,但是尽管除了运气之外,所谓的胜利者和失败者并没有什么真正的区别,某些人还是被认为是"胜利者",而其他人被看成"失败者".不幸的是,比起人们之间大体上的平等性,人们对每个人的差异的确切值更加敏感.假如彼得和保罗分别赢了 519 和 481 场,彼得很可能会被看成胜利者,而保罗被看成失败者.胜利者(以及失败者)有许许多多,我觉得只要人们坚持正确的(或错误的)方法.在硬币方面,它需要很长、很长的,常常需要比我们平均的一生还要长的时间,才能更替领先的一面.不同长度的连续正面或反面问题,产生更深层的并且不那么直观的问题.假如彼得和保罗每天都抛硬币来决定谁来为他们的午餐埋单,那么在 9 个星期中的连续 5 天中,彼得或者保罗将赢得午餐的情况很不可能发生.但是在 5 到 6 年的某个时期内,却很有可能他们每个人将连续赢取 10 顿午餐.绝大多数人并没有意识到,随机事件看起来总是很有顺序的.下面是计算机打印出来的一系列 X 和 O,它们每一个出现的概率都是 $\frac{1}{2}$.

O X X O O O X X X O X X X O X X X O

O X X O X X O X O X O X O O O O X O X

X O O O X X O X O X X X X X X X X O

X X X O X O X X X X O X O O X X X O O

X X X X X O O O X X X O O O O O X

X O O X X O O X X X X O X X O X X X

O O X X O X X O X X O X O X O O X X X

```
O X O X X X X O X X O X X X X X X X
X O X X X X O O O O O X O O X X X O
X X X X X O X O X X X O X X X X X O
O O O X O X X X O X X X O O X O O O
O X X X X O O O O X X X X O X X O X
X X X X X O X O O O O O O X O O X X
X X O O X X X X X O O O O X O X O X
O O X X X X O X O X X X O X X O O X O
X O O X O O X X X O X X
```

注意到同一字母连续出现的数目,以及它们看起来一团团的形式.如果我们觉得有必要为这些问题提供解释说明,我们将不得不捏造出必然错误的解释.实际上,某一领域的专家已经进行了关于分析这种随机现象的研究,并且得出这种模式中使人信服的"解释".

记住上面的话,我们来看看一些股市分析员的宣言.某种股票的日常涨跌,或者整个股市的涨跌,虽然我们肯定它一定不会像上面的 X 和 O 那样完完全全是随机的,但是我们可以肯定,它涉及一大堆不定的因素.可能你永远都不可能猜出,在每个股市闭市之后,那些后续的股市分析到底是怎样的.股市评论员却总是能够根据股市中熟悉的特征来指出股市反弹或者下跌的原因.总有关于获利完成、联邦赤字,或者种种这些或那些事件来为某个急剧的转变进行解释.也总有关于公司盈利的改善、利息率或者任何东西来为证券市场股票价格上涨的原因进行解释.几乎就不可能有一个评论员会说,一天或者一周的股市活动大部分原因就是不确定的.

### 连续命中和在决定胜负的时刻能显出威力的击球员

在某种范围内,已经清楚地表明,关于随机系列的团、连续模式是能够预测的.给定一定长度的正反面的一个系列,比如说抛掷硬币 20 次,总是有一个关于连续正面的确定个数.一个抛掷硬币 20 次的系列,10 个正面接着 10 个反面(正正正正正正正正正正反反反反反反反反反反),我们说它仅有 1 个连续的正面系列.一个抛掷硬币 20 次的系列,正反面交替出现(正反正反正反正反正反正反正反正反正反正反),我们说它有 10 个连续的正面系列.随机地产生这两个系列都不太可能.反观一个有 6 个连续的正面系列(比如说,正正反正正反正反反正正正反反正正反反正反),更有可能被任意地产生.

像这样的衡量标准,能够用来计算诸如正反面系列、XO 系列、击中或射失目标等系列,被随机生成的可能性.阿莫斯·特沃斯基(Amos Tversky)和丹尼尔·卡内曼(Daniel Kahneman)已经分析过一群投篮命中率为 50% 的职业篮球运动员,他们连续投中和投失的系列.研究发现,他们投中的系列是不定的.在篮球运动中,一个长长的、无序的连续投篮系列,看似不可能产生很长的连续命中.随机地产生很长的连续命中更有可能.例如,一个篮球运动员在每晚的比赛中投篮 20 次,令人吃惊的是,他至少连续投中 4 球的概率几乎等于 50%.在某场比赛中,他至少连续投中 5 球的概率在 20% 到 25% 之间,并且,他至少连续投中 6 球的概率大约是 10%.

如果篮球运动员的投篮命中率不是 50%,而是其他的,我们也能得出精确的结论,类似的结论也是对的.一个命中率为 65% 的篮球运动员,他得分的方法就像一个有偏倚的硬币——65% 的概率抛得正面,并且每一次抛掷都是独立的.

我总是怀疑诸如"连续命中""在决定胜负的时刻能显出威力的击球员"以及"球队中的王者归来"这些概念.它们常被体育新闻记者和比赛实况转播的广播员夸张地使用,只是为了让他们有话可说.我们应该承认确有这样的事情,只是这些概念被太频繁地使用,都是那些挖空心思,想找出其意义的体育记者和实况转播员造成的,尽管它们仅是碰巧发生的事件.一个长长的连续投篮命中事件是一个很了不起的纪录,真的很难得到这样的纪录.因此,我们几乎不可能预测其发生的概率.几年前,皮特·罗斯(Pete Rose)以连续 44 场击球创造新的国内棒球联赛纪录.为了简化计算,我们假设他每次击中球的概率是 0.300(30% 的概率击中球,70% 的概率没能击中),每场比赛他都有 4 次击球的机会,假设他某场比赛没击中球的概率是 $(0.7)^4 \approx 0.24$(我们假设击球的事件是相互独立的,这意味着罗斯击中球跟一枚 30% 正面朝上的硬币的概率是一样的).因此,他在任何一场比赛中至少击中一球的概率是 $1-0.24=0.76$.这样,他在任一给定的 44 场比赛中连续击中球的概率是 $(0.76)^{44} \approx 0.000\,005\,7$——一个确实很小的概率.

在一个有 162 场比赛的赛季中,罗斯刚好连续 44 场击中球的概率相对较高——0.000 041(计算时要乘 162 场比赛中刚好有连续 44 场的数目,并且我们不计两个以上的连续 44 场比赛的概率).他连续 44 场以上击中球的概率比上面的概率要高 4 倍.如果我们把最后这个数乘整个超级联赛中选手的数目(对那些击球平均得分数较低的选手,我们将对上面的数据进行彻底的下调),然后乘棒球运动出现以来的年份(对不同年份的选手数进行适当的调整),实际上我们可以计算出,某个超级联赛的选手连续 44 场比赛以上连续击中球并不是不可能的.

最后的一个结论是:我分析的是罗斯的连续 44 场比赛系列,而不是迪·马吉欧(Di Maggio)那看起来似乎更给人深刻印象的,连续 56 场连续比赛系列.这是由于,对于给定各自不同的击球平均得分数,罗斯的连续 44 场比赛系列难度更大(尽管罗斯有着更长的赛季——162 场).

诸如棒球运动中连续击球等罕见事情并不是可以个别地预测的,但是它们出现的模式是可以被概率描述的.考虑一个更加平常的事件吧! 有一千对夫妇,每一对夫妇都想拥有 3 个孩子.我们对他们进行十年的追踪调查.假设在这十年中,有 800 对夫妇做到了,则任意给定的一对夫妇,他们有 3 个女孩的概率是 $\frac{1}{2} \times \frac{1}{2} \times \frac{1}{2} = \frac{1}{8}$,所以在这 800 对夫妇中,每对将有 3 个女孩的夫妇大约有 100 对.对称地,每对将有 3 个男孩的夫妇大约有 100 对.一个有 2 女 1 男的家庭有 3 种不同的组合——女女男、女男女、男女女(每个组合的次序表示孩子的出生次序,并且每个组合的概率都是 $\frac{1}{8}$,即是 $\left(\frac{1}{2}\right)^3$).这样,有 2 女 1 男的家庭的概率是 $\frac{3}{8}$,所以这样的家庭大约有 300 对.对称地,有 2 男 1 女的家庭的概率也是 $\frac{3}{8}$.

对于上面的例子,大家不必感到那么惊讶,但是对这种罕见事情的可能性描述是可能的,这就令大家不得不感到吃惊.每年在某个十字路口发生事故的次数、每年在某个沙漠地区下暴风雨的次数、在某个特定的地区白血病患者的数目、在普鲁士某个骑兵

部队中每年死于马蹄下的人数等,所有这些已经被一个命名为
"泊松(Poisson)概率分布"精确地描述出来了.刚开始时,有必要
知道这个事件发生的概率有多小.如果你真的知道了,你就能够利
用这个信息和泊松公式,得到某一事件精确的概率.比如说,一年
中百分之几可能将没有人死在马蹄下,一年中百分之几可能将有
1 个人死在马蹄下,一年中百分之几可能将有 2 个人死在马蹄下,
一年中百分之几可能将有 3 个人死在马蹄下,如此等等.同样地,
你可以预测一年之中有多长的时间沙漠将不会下暴风雨,一年之
中有多长的时间沙漠将下一场暴风雨,一年之中有多长的时间沙
漠将下两场暴风雨,一年之中有多长的时间沙漠将下三场暴风
雨,如此等等.

在这种意义下,甚至是那些很稀罕的事件都能被精确地预测
出来.

# 第 $3$ 章

## 伪 科 学

当逻辑学家雷蒙德·斯穆里安(Raymond Smullyan)被问及他为何不相信占星术时,他的回答是,他是双子座的,而双子座的人是不会相信占星术的.

超级市场的小报常有这样的头条新闻:奇事,敞篷小型载货卡车能治愈疾病.小乡村惊现巨人的大足.七岁的小孩在玩具商店产下一对双胞胎.科学家即将创造植物人.某个瑜伽修炼者从 1969 年开始单脚站立至今,真不可思议.

"研究每种伪科学,你会发现逻辑错误、安全真空.我们必须以什么为代价呢? 非确定性,不安全性!"
　　　　　　　——艾萨克·亚西蒙于《怀疑者的调查》十周年庆刊

"闭着双眼,跟随愚蠢的先行者,这当然比思考更简单."
　　　　　　　　　　　　　　——科柏·威廉

### 数盲、弗洛伊德(Freud)和伪科学

伪科学常和数盲联系在一起,这可能是因为数盲并不真正了解数学的确定性,而伪科学就利用这一点来行骗,使他们盲从.纯数学确实只研究与确定性有关的问题,但是它的应用仅相当于潜在的经验主义的假设、简化和估计.

即使是像"等式代换"和"1＋1＝2"这类数学基本原理都可被误用:一杯水加上一杯爆米花并不等于两杯浸水的爆米花,幼稚医生杜瓦利埃(Duvalier)的影响力不如"幼儿(科)医生".类似的,里根总统也许相信哥本哈根在挪威,但即使哥本哈根是丹麦的首都,我们也不能得出结论:里根总统相信丹麦的首都在挪威.在类似上述的情况中,代换原则并非总起作用.

如果连这些基本的原理都可能被误解,那么当那些比它们还复杂的数学原理被误用时,我们也就不会感到奇怪了.如果某个模型或者某个数据出现错误,那么随之产生的结论也不可能是正确的.事实上,应用旧的数学知识常比发现新的数学知识更难.如果在计算时有任何一丝错误,那么它们的意义就几乎为零.例如,占星术、人体生理功能周期分析法、电子自动转换等.在线性统计项目中,一个模型的错误引用常会导致愚蠢的结果.例如,堕胎的计划等待周期是一年.

不仅仅是没有受过教育的人才会犯这类错误.弗洛伊德的一个好友,外科医生威廉·弗雷斯(Wilhelm Fliess)发明了人体生理功能周期分析法.这种分析法的理论基础是,人从出生开始便有了各种各样严格的周期.弗雷斯向弗洛伊德指出,对从事形而上学研究的人来说,23 和 28 这两个周期具有这样的特性:如果你加上或者减去它们的适当的倍数,你可以得到任何整数.

稍作修改,我们可以这样表述:恰当选择 $X$ 和 $Y$,则任何整数可由 $23X+28Y$ 表示.例如,$6=23×10+28×(-8)$.弗洛伊德就被这一点深深吸引,从而多年来,他一直相信人体生理功能周期分析法,并且认为自己会死于 51 岁,因为 51 是 23 与 28 之和.而事实上,不仅 23 和 28,任何两个互素的整数——即没有除 1 外的任何公约数的整数——都有这样的特性:任何整数均能由它们线性表示.所以,即使是弗洛伊德也会因数盲而受害.

弗洛伊德的理论还受害于另一个更严重的问题.考虑这样的陈述:"只要是神想要的,都会发生."人们也许可以从这种说法中找到安慰,但显然,根本无法证明,这种说法不是错的.因此,正如英国哲学家卡尔·玻普尔(Karl Popper)所说,它并不是科学的一部分.你也经常听到这样的表述:"东西打碎时总是变成三块."当然,只要你等待的时间够长,任何东西都会变成三块.

正如上面的说法一样,弗洛伊德的理论也是无法证明自己不是错误的,玻普尔就曾因这一点而批评他的理论,即使根据他的理论得到的结论可能令人感到安慰,并且预言使人有所启发.举例来说,一个传统的心理分析学者,可以预测某种特定类型的神经病患者的行为,而当这个病人不按预测作出反应,却以另一种十分不同的方式反应时,分析者却可归结于"反应—形成"的相反行为.总之,似乎总存在能解释任何事物的例外条款.

当然,我们不准备探讨弗洛伊德学说是否为伪科学,但将事实的陈述和空洞的逻辑公式表达混淆在一起后,结果常会令人一头雾水.举例来说,"不明飞行物里有外星人"和"不明飞行物是未经确认的飞行物体"是两种完全不同的说法.

我曾经在一次演讲中,提到确实存在有关不明飞行物的许多事例,就因为这一点,我被听众认为,相信有外星来客.莫利(Molière)就曾讽刺类似的混乱:他虚伪的医生声称,他的安眠药能起作用是因为它具有安眠的特点.因为数学是一种深入探索结论的精确方法,这些结论有时缺乏现实内容(科学家发现,在冥王星上36英寸等于1码).因此,它成为一些伪科学的组成要素就不让人感到惊奇了.深奥的计算、几何学的图形、代数极限,所有复杂的数学关系都有可能被用来掩饰愚蠢的伪科学.

**超心理学**

很久以前,人们就对超心理学感兴趣了.但是,即使厄里杰拉(Urigeller)和其他鼓吹者声称它确有其事,却没有一种可以重复的研究过程可以证实它的存在性.特别是,所谓超感官感觉,从没在任何可控制的实验中发现,而仅有的几个"成功"的示范,也都具有致命的缺点.我不愿老生常谈,而是想做一些一般性的观察.

首先,超感官感觉令人遗憾地与基本的交流原则相矛盾:正常的感觉必须在某种程度上参与当前的交流.当机密泄漏时,人们怀疑的往往是间谍,而非有特异功能者.因此,无论是在常识方面还是在科学方面,超感官感觉都应先被假定是不存在的,而那些支持它存在的人有义务证明确有其事.

这里要提到随机的因素.因为超感官感觉方式,是被定义为与正常的感觉完全不同的交流方式,因此我们无法区分超感官感觉的发生概率与"碰巧猜对"的概率,这两者看起来完全相同.

比如,在一次判断题测验中,不管受测者是像学者般坦率,还是对每道题目胡乱猜想,都可能在某道特殊的题目中做出正确的判断.正如我们无法在判断题中要求受测者提供证明一样,我们也无法要求超感官感觉对它们的反应做出证明.而且,根据定义,我们无法求助于正常的感觉机制.既然如此,我们能够证明超感官感觉的存在性的唯一方式是通过数据检验:实验足够多次,观察做出正确判断的次数,看它是否能多到让我们将"碰巧猜对"这种解释排除掉.如果"碰巧猜对"这种解释已经被排除,而又没有其他的解释,那么超感官感觉就可以被认为是已经证明了.

当然,存在着一种巨大的倾向,即相信那些界定为特异领域的任何错误实验和完全骗术.另一个因素是所谓珍妮·狄克森(Jeane Dixon)效应(狄克森自述的特异功能).少数误中的预言被广为传颂,而大多数错误的预言却销声匿迹.超级市场的通俗小报,不可能提供一年来特异功能者预言失败的记录,而更加高档的《新时代》周刊,也不会给出同样的清单.《新时代》周刊看起来成熟、老练,实际却是幼稚、愚蠢的.

人们常因为有大量与特异功能和超心理有关的报道,就相信它们确实存在.就如因为某个地方有很多烟(其实是热的空气),就相信那里着火一样.颅相学曾在 19 世纪风靡一时,这恰恰说明了此类想法的愚蠢.然而,当今不仅没读过书的人相信伪科学,而且受过教育的人也对此深信不疑:人的心理和智力特性可从人的脑袋形状作出判断.许多公司把应聘者的颅相学检验作为其被聘用的依据,而许多正打算结婚的情侣会听从颅相师的指点.

许多期刊喜欢发表有关颅相学的文章,并且致力于将颅相学的理论渗透到流行著作中.著名的教育家贺瑞斯·曼恩(Horace Mann)形容颅相学为"哲学的领路者".因写作《往西,年轻人》而出名的贺瑞斯·格林莱(Horace Greeley)则鼓吹,要为所有铁路工程师进行颅相学测试.

下面,让我们看一下这样的表演:有人能赤足走在热的木炭上.这种事常被用于举例证明"意志战胜物质",而且,无须是数盲,你就会本能地被这种表演所折服.然而,只要列举下面鲜为人知的事实,这种表演就会显得平淡无奇:脱水的木炭不仅热量极少,而且导热率极低.一个人可以快速走过燃烧着的木炭而不让脚烫伤,这就好像只要不接触烤炉的金属架,你就有可能将手伸进烤炉而不被烫伤.当然,有关意志控制之类宗教式的演讲肯定比讨论热量和导热率更吸引人.而且,这种表演常在晚上进行,漆黑与火红、寒冷与炙热的对比就更加煽情,因此就更让人印象深刻.

令人高兴的是,许多其他的伪科学(预感、水晶能量、百慕大三角等)都在《怀疑者的调查》上被一一戳穿.《怀疑者的调查》是科学调查委员会的季刊,它由纽约州布法罗市的哲学家保罗·库兹(Paul Kurtz)出版发行.

### 可预见的梦

另一种超感观的概念是有可预见的梦.玛蒂尔达姨妈在莫蒂默叔叔将他的福特车撞上电线杆的前两天,做了一个清晰的梦,内容便是汽车出车祸.

我也遇到过类似的事情:我小时候曾梦见自己在垒球赛中得了一个本垒打,而两天后,我真的跑了一个三垒.(即使是相信梦能预知未来的人,也没期望能有这么巧合的对应.)当一个人做过一个梦,而梦中的事在现实中出现时,他很难不再相信有预感的存在.但是,由下面的讨论便知,将这样的经历归之于偶然,应该是更理性的.

假设与现实生活某些细节相符在梦中出现的概率是 $\frac{1}{10\,000}$.这是极不可能发生的事,也即发生不可预见的梦的概率是压倒性的 $\frac{9\,999}{10\,000}$.同时,假设在某天做的梦是否可预见与其他日子做的梦是否可预见是相互独立的.那么,根据概率的乘法原则,连续两天做不可预见的梦的概率是 $\frac{9\,999}{10\,000}$ 和 $\frac{9\,999}{10\,000}$ 的乘积.同样,连续 $N$ 天做没有预见性的梦的概率是 $\left(\dfrac{9\,999}{10\,000}\right)^{N}$,连续一年做没有预见性的梦的概率是 $\left(\dfrac{9\,999}{10\,000}\right)^{365}$.

因为 $\left(\dfrac{9\,999}{10\,000}\right)^{365}$ 约等于 0.964,所以我们可以推断出:一个人如果每晚都做梦,那么他在一年中只做不可预见的梦的概率是96.4%.但一个每晚都做梦的人,他在一年中至少有一次做可预见的梦的概率仍有3.6%.即使我们把做可预见的梦的概率改为一百万分之一,那么,按照概率,仅仅在美国,做这样梦的人还是非常多的.因此可预见的梦极其普通,根本就无须作任何解释,也无须借用任何所谓心理的特异能力,让它自然消失吧.应该解释的反倒是那些不可预见的梦.

这种说法,也可解释其他的不可能事件或巧合.例如,我们偶尔听过这样的报道:有两个人有难以置信的一系列相同的经历,而发生这种巧合的概率是一万亿分之一($\dfrac{1}{10^{12}}$).是否我们应该感到惊讶呢? 大可不必.

根据乘法原则,在美国有 $\dfrac{2.5\times10^{8}\times2.5\times10^{8}}{2}=3.13\times10^{16}$ 对不同的人,而我们假定发生这种巧合的概率是 $\dfrac{1}{10^{12}}$,那么发生这样巧合的事的平均数应该是 $3.13\times10^{16}$ 乘 $\dfrac{1}{10^{12}}$,大约是 30 000.因此,这个巧合只是这30 000组巧合中的一组,而恰好被媒体所报道,根本无须大惊小怪.

而有些巧合是极不可能发生的,正如猴子也能在打字机上敲出莎士比亚的《哈姆雷特》一样.发生这件事的概率是$\left(\dfrac{1}{35}\right)^{N}$（其中，$N$ 是《哈姆雷特》的字符数，也许是 200 000，而 35 是键盘上的字符数，包括字母、标点和空格）.在所有实际应用中，这个数都可看作是接近零的极小数.然而，一些人却把这点概率当成是"科学的创造"的证据.事实是，猴子们绝不可能去写长篇著作，即使它们想写，也不会浪费时间在随机地敲打键盘上，而是会选择进化，那样还更有可能写出《哈姆雷特》来.顺便说一下，为什么我们从没考虑这样的问题：莎士比亚随机地变化他的手臂肌肉，就能够像猴子般在树上自由自在地跳跃腾挪，这件事的概率是多少呢？

**我和群星**

星象学是一种传播极其广泛的伪科学.书店的书架上摆满了有关星象学的书，而几乎所有的报纸都会指出每天的星象图.

1986 年一次盖洛普(Gallup)民意调查显示，52％的美国青少年相信星象学，而一生都相信星象学部分结论的人多得惊人.我说"惊人"是因为，如果一个人连星象师和星象学都相信，那还有哪些是他所不相信的呢！这难道还不令人吃惊吗？更甚者，当那些拥有巨大权力的人——如里根总统，他所信仰的竟也如此.

星象学认为：一个人出生时，行星的引力对他的性格有影响.这听起来真让人难以置信.我之所以质疑，原因有二：(1) 星象学没有指出（甚至连暗示也没有）行星的引力通过何种生理或心理机制对人性格产生的影响；(2) 接生的医生，在接生时对婴儿作用的力远大于行星的引力.

考虑一个物体对新出生婴儿的万有引力不仅与这个物体的质量成正比，还与这个物体与婴儿的距离的平方成反比.这就意味着:如果婴儿由胖的产科医生接生,那么这些婴儿具有某些相同的性格,而如果由瘦的产科医生接生,那是否就具有另外的一些性格呢?

对数盲来说,星象学的缺点并不明显,而数盲不大可能关心自己与机制的关系,对数量级的比较也不感兴趣.所以,虽然是星象学没有能够理解的理论基础,但假如星象学确实有效,即有很多例子能证明它的结论确实是准确的,我们仍然会相信.唉,可惜,事实上一个人的生日与他在标准个性测试上的得分没有任何联系.

加利福尼亚大学的沙·加尔森(Shawn Carlson)最近做过这样一个实验:通过调查问卷,得到每位客户与生命有关的星象学数据,把这些数据和三份匿名的个性描述(其中有一份是客户的)交给星象师,让星象师判断出哪份个性描述是客户的.总共有116名客户,而参加实验的30名星象师是同行公认欧洲和美国最顶尖的.实验的结果是:星象师挑出正确的个性描述的概率是 $\frac{1}{3}$,与碰巧猜对的可能性相差无几.

约翰·麦加维(John McGervey)仔细研究了超过16 000名美国男科学家的生日和6 000名美国政治家的生日后发现:他们的生日是随机分布的,即所有的生日平均分布到一年的每一天中.密歇根州立大学的布南德·西瓦曼(Bernard Silverman)研究密歇根州的3 000多对夫妇,发现他们的生日与星象师所说的相配的生日并无联系.

那么,为什么还有那么多人相信星象学呢?一个显著的原因是:星象学常常说出一些一般且模棱两可的结论,而这些几乎都是人们想要的东西.于是,他们沉迷于星象学,即使它的结论并不真实.他们更愿将偶然发生的事看成是被言中的"预言",并牢牢记住,而对预言失败的事却抛到脑后.另一个原因是:星象学历史悠久(当然,用活人来祭祀这种事也算历史悠久);它的原则简单,应用也常化繁为简;它将我们在这个月是否会掉进爱河与星空联系在一起,当然,这是一种多么讨人喜欢的说法.

我想,星象学受欢迎的最后一个原因是:星象师在和顾客单独会面时,能够从顾客的脸部表情、特殊习惯、身体语言中猜出他的性格.回想起那个著名的聪明马汉斯的故事.汉斯似乎能够计算,当它的驯马师掷一个骰子后,问马:"骰子的点数是多少?"汉斯会慢慢地用脚敲打地面,直到敲打的次数和骰子的点数相同为止.旁观者常叹为观止.其实,事情远远没有想象中那么神奇,因为,在马敲打地面时,驯马师会一脸严肃,而当马敲打到正确的骰子数时,不知是否有意,他便会微微一笑,这时马便停止敲打.因此,马并不是数字答对的来源,而仅仅是驯马师由其知识得出的答案的传声筒.人们常在不知不觉中扮演驯马师的角色,而星象师就是那匹汉斯,反映着顾客的需要.

正如卡尔·萨格(Carl Sagan)所说,让人从占星术或其他的伪科学中解脱出来的最好方法是让他学习真正的科学.科学的结论同样令人惊奇,但比伪科学多了真实这个优点.毕竟,真正的科学的结论不会像伪科学的结论一样怪异,它也没有侥幸的猜测、运气、怪诞的假设和本质的欺骗.伪科学失败的地方就在于它的结论经不起推敲,无法将它的结论和其他已经过考验的结论联系在一起.例如,我很难想象,莎里·麦克琳(Shirhey Maclaine)会仅仅因为没有足够的证据或有更好的解释,就不相信表面上是超常的事情(例如催眠)的真实性.

**外星人,有;**

**不明飞行物 UFO 上的外星来客,没有.**

我相信,除了星象学,数盲还比其他人更容易相信有外星来客.是否有外星来客与宇宙中是否还有其他有意识的生物是两码事.我会详细地解释,为什么虽然在银河系中很有可能有其他的生物,但它们却极不可能造访过我们(尽管有一些书声称有外星来客).数学常识如何抑制伪科学的胡编乱造,这里的评估提供了一个极好的例子.

如果生物在地球上的进化是正常的,那么为什么其他星球上的生物进化和我们星球的不一样呢? 我们要讨论的,只是一些能组成不同化合物的元素系统和能在这个系统中流动的初始能量而已.能量的流动使得不同的化合物的出现成为可能,接着出现稳定、复杂、充满能量的分子,然后由化学变化产生更加复杂的化合物,其中就有氨基酸,从而产生了有机物.于是,原始生物出现了,最终,诞生了人类.

据估计,银河系中大约有 1 000 亿($10^{11}$)颗恒星,其中大概有十分之一可以有行星.而在这 100 亿颗恒星中,又大概有多于百分之一有适宜生命的行星.这些行星与恒星的距离恰到好处,使水、甲烷等组成生命的物质既不会蒸发,也不会凝固.因此,在银河系中,至少大约有 1 亿($10^{8}$)颗恒星能够提供生物繁殖的条件.又因为这些恒星中的绝大部分的体积远小于太阳,所以它们中只有大约十分之一能够有适宜生物的行星.因此,仅仅银河系就大约有 100 万($10^{6}$)颗恒星能支持生命,也许其中的十分之一就已经出现生命了呢! 假设在银河系中确实有 100 万颗恒星,它们具有适宜生命的行星.为什么我们没有发现呢?

原因之一是,银河系太大了.它的体积大约为 $10^{14}$ 立方光年,一光年,是指光以每秒 186 000 英里的速度飞行所经过的距离,大约是 6 万亿英里.因此,平均这一百万颗适宜生命的恒星中,每颗所占据的空间是 $10^{14}$ 除以 $10^6$,即 $10^8$ 立方光年.$10^8$ 的立方根大约是 500,这意味着:银河系中一个适宜生命的恒星与它最近的"邻居"的平均距离是 500 光年,大概是 100 亿倍地球到月球的距离.开个玩笑,即使两个恒星的距离远小于平均水平,它们也不可能经常发生碰撞.

我们极不可能看到任何小小的绿色人种的第二个原因是,可能的文明必定是散落在时间长河中,出现,然后消亡.事实上,一旦生命变得复杂,它就自然不稳定,可能在几千年内自我毁灭.即使这类高等生物形式的平均存在周期为 1 亿年(从早期的哺乳生物到可能的人类核毁灭的时间),这些生命形式平均分配到银河系的 120 亿到 150 亿历史长河中时,同时存在高等生物的恒星大概也少于 10 000 颗.于是,"邻居"间的距离一下子就跳到了 2 000 光年.

不存在外星来客的第三个理由是:即使星河系中已经有一些行星上有生物了,它们对我们产生兴趣的可能性也极小.那些生命形式有可能是由甲烷组成的大块乌云、能自我导向的磁铁.还可能是马铃薯般的生物,它们组成大片原野和行星般大小的巨大实体,它们在演唱着复杂的交响乐曲.更多的是像行星上的污垢,它们黏附在面对太阳的岩石上.因此,我们无法想象,上述的生物能和我们人类有相同的意愿和心理,试图和我们沟通.

简而言之,虽然在银河系中可能有其他行星存在生命,但是我们看到的不明飞行物仅仅是不明飞行物而已.只不过未经确认,并非无法辨认,更不是外星来客.

**骗人的医术**

医药领域是伪科学滋生的温床,其原因在于,绝大多数疾病:(1)能自我改善;(2)会自我抑制;(3)即使是致命的,也绝少是持续变坏的.因此无论如何,不管是否有效,伪科学总能装得像再世华佗.

如果你站在一个狡猾的骗人的执业医生的立场上,你会更加一目了然.因为任何疾病都是时好时坏的(正如镇静剂的作用一样),对病人开始无效治疗的最好时机,是病情开始变得糟糕的时候.于是,任何情况的发生都更容易归结为你那奇妙但可能昂贵的治疗.若病人的病情有所好转,你赚得了好的名声;若他保持原状,则是你的治疗使他的病情没有进一步恶化;若病人变得更糟,则是药量还不够;而如果他死了,可归咎于他拖了太久才来找你.

无论如何,你那不多的几次成功的处理很有可能被记住(不会很少的,因为你看的病中有些是会自我痊愈的),而你那大部分失败的例子会被遗忘和掩盖.几乎所有的"治疗"都有少量是成功的,这与其说是有把握,不如说是碰运气.事实上,没有"妙手神医"那才奇怪呢!

我所提到的治疗,和宗教治疗、心理治疗以及从顺势疗法到电视频道中宣扬的各种疗法一样起作用.它们的神奇之处在于:建立一种富有说服力的理论,一套数盲无法理解的体系,并将其灌输给我们学校中怀疑自己健康不佳的人.(虽然我鄙视这些吹牛者,但这并不意味着我支持一种死板、教条的科学态度或某种简单的无神论.从"信仰上帝"到"不知上帝是否存在",再到"我不相信上帝",这有相当长的距离,而中间应该给那些需要适当安慰的人们留出一些空间.)

即使是在某些古怪的案例中,要最终驳倒一些已经提出的治疗方案也是很困难的.让我们先看一个江湖医生骗人减肥的例子.他命令病人每餐吃整整两份比萨饼、四罐啤酒和两片奶酪,而且夜宵还是一大盒无花果和一夸脱牛奶.他声称:按照这样的饮食安排,其他人每周瘦了6磅.而几个病人按照吩咐做了几个星期之后,他们发现自己每周竟长了7磅.那么,医生会大出洋相吗? 不一定.因为他可能会说,有一些附带的条件没有被很好贯彻:比萨饼的酱太多了,或者啤酒并非正确的牌子.关键在于他总能找到一些漏洞来支持他的理论,不管这个理论是多么荒谬绝伦.

哲学家维拉·瓦·奥马·蒯因(Willard Van Orman Quine)研究得更深,他认为,经历不可能迫使人放弃他自己的信仰.他将科学看成是由互相联系的假设、程序和形式组成的完整的网,而这张网用各种方式影响着世界.按照他的观点,如果我们疯狂到愿意改变对科学的信仰,那么我们会相信上面的减肥方案是有效的.更甚者,我们也同样会相信,其他伪科学也是有效的.

毋庸置疑,没有简单的方法能让我们在任何情况下都能区分科学与伪科学.科学和伪科学的区分的确不太明显.然而,如果我们将论题、数字和概率联系在一起,就奠定了统计学的基础.而统计学不仅可以和逻辑一起构成科学方法的基础,还可以将任何不同的事物最终区分出来.然而,白色和红色的区别并不因粉红色的存在而消失,白天和黑夜也不会因黎明的存在而混为一谈.同样,虽然蒯因的观点介于科学与伪科学的分界线上,但也不能抹煞科学和伪科学的本质上的不同.

**条件概率、"21 点"和药物试验**

有时,即使你不相信任何伪科学,你也会得到错误的结论和荒谬的推论.现实生活的许多推理错误,都可归结到对条件概率这个概念的误解上.除非事件 $A$ 和 $B$ 是独立的,否则事件 $A$ 的概率不同于假定 $B$ 已经发生时 $A$ 的概率.这是什么意思? 举个简单的例子,我们从电话簿上随机选出一个人,这个人体重超过 250 磅的概率会非常小.然而,如果我们知道这个人是 6 英尺 4 英寸高,那么他或她超过 250 磅的概率就会相对大一点.扔两个骰子得到的点数是 12 的概率是 $\frac{1}{36}$.而当你知道你得的点数不少于 11 时,你得 12 的条件概率是 $\frac{1}{3}$.(假定点数和不少于 11,则结果只能是 6、6,6、5,5、6,因此三种可能中有一种的和是 12.)

将 $B$ 发生时 $A$ 的条件概率与 $A$ 发生时 $B$ 的条件概率混为一谈是经常发生的错误.举个简单的例子:我们从一副牌中取出一张牌,如果已经知道这张牌是人头牌,即 K、Q 或 J,那么这张牌是 K 的概率是 $\frac{1}{3}$.而如果已知这张牌是 K,那么这张牌是人头牌的概率是 1,即 100%.如果一个人讲英语,那么他或她是美国人的条件概率假定是 $\frac{1}{5}$;然而一个美国人讲英语的概率大约是 $\frac{19}{20}$,即 0.95.

现在,我们随机挑出一个至少有一个女孩的四口之家.一种可能做的方法是你来到一个镇上,镇上的每个家庭都有父母和两个孩子,你只要随机敲某家的门,看看来开门的是否是女孩.而且你知道,所有有女孩的家庭,总是女孩来开门的.

那么无论是什么情况,一个有两个孩子且至少有一个是女孩的家庭中,有一个是男孩的条件概率是多少呢? $\frac{2}{3}$.这个答案可能令人感到意外.事实上,有三种均等的情况,兄妹、姐弟和姐妹,而其中有两种情况是有一个男孩的.因为我们假定开门的孩子一定是女孩,所以我们排除了兄弟这种可能性.可是,如果这个女孩只是我们在街上随便碰到的一个,那么她的同胞是男孩的概率是 $\frac{1}{2}$.

在谈一个比较难的应用之前,我想再揭露一个骗钱的把戏,这个把戏能吃得开就是因为很多人对条件概率并不清楚.假定一个人有三张牌,一张两面都是黑色,一张两面都是红色,一张一面是红色另一面是黑色.他将这三张牌放到帽子里,让你抽一张,但你只能看这张牌的一面.假定这面是红色,则说明这张牌肯定不可能是两面都是黑色的,只能是两面都是红色或是一面红一面黑.他提议和你来场赌博,他赌这张牌是两面红,赔率是 1 赔 1.那么,这场赌博公平吗?

乍一看,好像公平.这张牌有两种可能,他赌其中一种,你猜另一种.但骗人的地方就在于,有两种情况他能赢,而你只有一种情况能赢.当你挑的牌看得见的面是"红黑"牌的红面时,你能赢.但当你挑的牌看得见的面是"红红"牌的一面或者另一面时,他都能赢.因此,他赢的概率是 $\frac{2}{3}$.一张不是"黑黑"的牌是"红红"牌的条件概率是 $\frac{1}{2}$,但这里并不是求这个条件概率.我们不仅知道这张牌不是"黑黑",还知道这张牌有一面是红色的.

条件概率还能解释,为什么"21 点"是赌场中唯一一种让人感觉能根据过去的记录作出判断的游戏.在轮盘赌时,先前发生的事对后面轮盘赌时出现各种情况的概率并无影响.在下次轮盘赌中,出现红色的概率是$\frac{18}{38}$,这与已经连续出现 5 次红色后,下一次仍然出现红色的条件概率是一样的.

骰子的情况也同样如此:扔一对骰子,出现的点数是 7 的概率是$\frac{1}{6}$,这与已知前面已经扔了三次 7,再扔一次出现 7 的概率是相同的.

然而,在"21 点"中,下张牌的概率会随已经发过牌的变化而变化.从一副牌中连续地取两张"A"的概率不是$\frac{4}{52}\times\frac{4}{52}$,而是$\frac{4}{52}\times\frac{3}{51}$,后一个因数是假定你的第一张牌已经是"A",你的第二张牌还是"A"的条件概率.同样地,假定在已发的 30 张牌中只有 2 张是人头牌,那么下一张牌是人头牌的条件概率并不是$\frac{12}{52}$,而是比它高得多的$\frac{10}{22}$.下张牌的(条件)概率随着一副牌中所剩的牌的变化而变化,这是"21 点"的各种计算策略的基础.这些策略都需要记住各种点数的牌发过的张数,并在自己赢的机会(偶尔或者轻微)变大时加大赌注.

我已经用这种计算策略从赌城赢钱了,甚至想过构造一种特别的赌博策略,通过它我可以计算得更加简单.然而,我最终决定放弃,因为除非一个人有大量资金,否则相比他所花的时间和必须集中的精力,他赢的钱实在太少了.

关于条件概率这个概念有一个既有趣又优美的结论:贝叶斯定理.贝叶斯于 18 世纪首先证明了这个结论.以它为基础,我们可以得到更意想不到的结论,这个结论在药品和艾滋病检测上有重要应用.

假定有一种癌症检测的准确率是 98%,即如果一个人有癌症,那么他在这个检测中呈阳性的概率是 98%,而如果一个人没得癌症,那么他呈阴性的概率是 98%.进一步假设现实中 0.5% 的人,即每二百个人中有一个人得癌症.

现在,假定你做了这个检测后,你的医生表情严肃,他告诉你结果是阳性的.问题是:你该沮丧到何种程度? 答案是令人惊讶的,你甚至应该保持谨慎乐观的态度.为什么呢? 让我们来看一下,在结果是阳性的前提下,你得癌症的条件概率.

假定有 10 000 个人参加这种癌症检测.那么这些人中有多少人的结果是呈阳性的呢? 平均而言,有 50 个人(10 000 人的 0.5%)会得癌症,又因为这些人中的 98% 的结果会是阳性,所以我们得到 49 个阳性的结果.而在那 9 950 个没得癌症的人中,有 2％的结果也是阳性,即有 199 个阳性结果(0.02×9 950＝199).因此,总共有 248 个结果是阳性的(199＋49＝248),大部分(199)是错误的阳性.因此,在结果是阳性的人中是癌症患者的条件概率是 $\frac{49}{248}$,即大约 20％.(要知道,若一个人得了癌症,他的检测结果是阳性的条件概率是 98％.20％比起 98％这个百分数相对而言低得多.)

在这个声言有 98％准确性的检测中居然出现这么令人意外的结论,这应该使立法者在制定强制命令,推广药物或艾滋病等的检测时三思而行.事实上,许多检测远远没预计的那么可靠.例如,最近《华尔街杂志》的一篇文章揭示,著名的巴氏早期癌变探查试验在检测子宫颈癌时的准确率只有 75％.测谎仪的准确性也是臭名昭著的.类似上面的计算,我们可以知道:为什么那么多诚实的人在测谎仪前失败,这个数目甚至比说谎的人还多.因此,给那些通不过测谎仪的人安上一个说谎者的污名,而这些人中有大部分的检测是错误的,不仅达不到预期效果,而且是冤哉枉也.

**逻辑和伪科学**

无论在理论上还是在现实中,数总是不可避免地和逻辑联系在一起.既然如此,将伪逻辑看成是一种数盲应该不会引起太大的争议吧.事实上,本章的大部分推理过程都蕴含这种假设.让我最后给出两个错误的推论,从而进一步揭示伪逻辑这种数盲在伪科学中扮演的角色.

将条件命题"若 $A$,则 $B$"和它的逆命题"若 $B$,则 $A$"弄乱是一种很常见的错误.当人们在推理时,还会发生不那么常见的错误:如果 $X$ 能治疗 $Y$,那么没有 $X$ 必定导致 $Y$.例如,如果药物多巴胺能够减少帕金森症患者的颤动,那么没有多巴胺肯定会引起颤动;如果某种药物能减轻精神分裂症患者的病症,那么没有用此药物必然导致精神分裂.当情况很熟悉时,我们是不会发生这样的错误的.肯定不会有太多人相信:既然阿司匹林能够治疗头痛,那么如果血液中没有阿司匹林就会导致头痛.

著名的实验者瓦·度荷西(Van Dumholtz)从一个装满跳蚤的罐子中小心地取出一只跳蚤来,轻轻地把它的后腿扯掉,然后大声地命令它跳,加以记录:跳蚤没有移动.于是,他又选了另一只跳蚤做相同的事.最后,他将这些数据汇编到一起,自信地推断:跳蚤的耳朵在它的后腿上.这也许很荒谬.但在其他并不如此显然的情况中,这种带有强烈偏见的解释却给人们很大的震撼.有人相信:一个巫婆声称她有特异功能:一个 35000 年前的男子能够通过她表达自己的愿望.难道关于跳蚤耳朵的解释比这个还荒谬吗?有人认为,某些超常现象之所以不会发生,是因为旁观者中有怀疑者.难道关于跳蚤的解释还会比这个更牵强附会吗?

下面的这个从逻辑上看并不十分完美的例子,究竟错在哪里?我们知道 36 英寸＝1 码,于是 9 英寸＝ $\frac{1}{4}$ 码.又因为 9 的算术平方根是 3, $\frac{1}{4}$ 的算术平方根是 $\frac{1}{2}$ ,所以我们可以得出 3 英寸＝ $\frac{1}{2}$ 码!

反驳一些习惯说法经常是一件非常困难的事,但这种困难常被误认为是这些说法正确的证据.前电视传道者和总统竞选人帕·罗宾逊(Pat Robertson)最近声称,他无法证明苏联没有在古巴建立导弹基地,因此苏联可能已经建立了.他当然是对的,我也无法证实"大脚"(Big Foot)[1]没有在哈瓦那市郊策划一个阴谋据点.纽·亚格斯(New Agers)常声明:超感官感觉是存在的,有很多用意念使汤匙变弯的例子,灵魂是存在的,我们周围有很多外星人等.当我置身于这些陈词滥调中,有时感觉自己就像是在参加一群酒鬼的狂欢,却装扮成一个禁酒主义者.我反复强调:我没有最后驳倒那些说法,并不能成为那些说法成立的根据.

我还可举出更多类似的例子来说明那些逻辑的错误,但我的观点已经足够清楚:无论是数盲还是有缺陷的逻辑,均为伪科学提供生长的沃土.在下一章中,我们还将探讨,为何数盲和有缺陷的逻辑错误流毒深远.

---

[1] 美国境内,反古巴的武装部队.——译者注

# 第4章

## 数盲从何而来？

我曾有这样的经历：在郊区的一家快餐店用餐，点了一个汉堡包、一些法国煎鱼和一杯可乐，总共是 2.01 美元。然而，结账时，那个收银员——估计至少已在那里工作了几个月——居然不会计算 6% 的税金，还要在收银机旁摸索出一张税金表，去找 2.01 美元对应的税：0.12 美元。正因为有些收银员连税金都不会算，稍微大一点的公司会在收银机上的关键地方设置一个按钮，一按这个按钮，便能自动加上相应的税金。

研究表明：是否有数学或统计学设备，对一个公司来说是十分关键的，这和妇女决定是否去研究所研究政治学一样重要。

"不知为什么，当听到著名的天文学家在演讲，掌声雷动时，我突然感到自己很疲惫。"

——沃特·怀曼（Walt Whitman）

### 追溯数盲的过去

为什么有那么多人在其他方面受过良好教育,而仍是数盲呢?若把原因稍微简单化,那就是心理作用、教育的薄弱和对数学本质的错误理解.但我的情况是个例外.印象中,我十岁时,就已经有成为一名数学家的愿望.当时,我计算了密尔沃基勇士队的一个投球手有一个 135 的责任得分率(ERA).(棒球球迷知道:他投球时让对方的跑垒 5 次得分,却只淘汰了一个击球手.)我对这个糟糕的 ERA 印象深刻,于是犹豫地告诉我的老师,可他让我向同学们解释这个事实.我十分害羞,以致声音都发抖了,脸也变红了.然而,当我解释完时,老师却宣布我说的都是错的,叫我回去,并威严地宣称,ERA 不可能高于 27.

那个赛季结束时,《密尔沃基杂志》统计了棒球联盟中所有选手的平均水平,因为那个投球手已经没再打了,那个 ERA 的记录和我计算的一样果然是 135.我还记得,在那瞬间我就把数学当成一种全能的保护者了.不管对方是否喜欢你,只要你将问题证明给

他看,他就不得不信服你.我并没忘记先前的羞辱,于是我把杂志拿给那个老师看.可他没给我好脸色,又叫我回到座位上去.在他眼中,一个好老师显然就是要确保每个学生都坐在座位上.

虽然我没让像那位老师这样严厉的人完全控制,但我早期的数学教育和其他人一样都是比较差的.在小学阶段,数学主要是一些基础代数知识,包括加、减、乘、除以及分数、小数、百分数的计算方法.可惜,老师们在教加、减、乘、除以及如何将分数转换成小数或百分数时做得并不好.他们几乎没有给学生布置过完整的数学问题——有多少,有多远,有多老.高年级学生害怕字码问题的部分原因是,他们在低年级时从没处理过类似的数量问题.

尽管大部分学生在小学毕业时对乘法表已经有所了解,但他们当中确实有不少不能理解下列这样的问题:如果一个人的行车速度是 35 英里每小时,那么他 4 小时行了 140 英里;如果花生的价格是每盎司 40 美分,那么 2.20 美元的花生有 5.5 盎司重;如果全球人口的 $\frac{1}{4}$ 在中国,其余的 $\frac{1}{5}$ 在印度,那么全球人口的 $\frac{3}{20}$ 或 15% 在印度.这类问题当然不像 $35 \times 4 = 140$,$2.2 \div 0.5 = 5.5$ 和 $\frac{1}{5} \times \left(1 - \frac{1}{4}\right) = \frac{3}{20} = 0.15 = 15\%$ 这类问题那么简单.既然许多小学生连这类问题都不能弄懂,那就更不用说其他更符合实际、更需想象力的问题了.

除了很少几节有关"四舍五入"的课外,估算知识一般也不列入教程.教师很少告诉学生"四舍五入"与合理估计在现实生活中的应用,也很少建议学生做这样的估计问题.例如:学校一边围墙的砖头块数、高速行驶汽车的速度、学生的父亲中是秃头的百分比、一个人脑袋的周长和身高的比值、将硬币叠到跟纽约世贸大厦一样高时需要的数量、或者判断这些硬币能否填满教室.

小学也几乎没教过归纳推理,以及如何在现实问题中应用相关的数学工具和法则.数学课上的讨论常常十分不合逻辑,就像是在讨论冰岛传奇一般.很多时候,他们从不讨论难题和游戏,我深信,这是因为对聪明的十岁小孩来说,这些问题太简单了,以致不能用它们来打败教师.数学和这些游戏有着紧密的联系.数学作家、文学硕士加德纳就曾用十分有趣的方式解释了这种联系.数学家乔治·波利亚(George Polya)在他的《怎样解题》与《数学和似是而非的解释》中,也对这类联系进行探讨.加德纳的很多引人入胜的作品和《科学美国人》的专栏,都将成为高中生或大学生有趣的课外读物.类似的书还有很多,但就小学生水平而言,我认为玛丽莲·伯恩斯(Marilyn Burns)的《我讨厌数学》比较合适.书中有许多解决难题和怪题的技巧,这些技巧富于启发性,但在小学数学课本里却从没出现.

相反,大多数课本仍只列出术语和条件,极少有进一步的解释.例如,课本中讲到:加法是一种满足结合律的运算,即$(a+b)+c=a+(b+c)$,而极少提到有哪些运算是不满足结合律的,因此,这个定义似乎没有必要.无论如何,课本都应该对这个概念做进一步的解释.很多未经推理就给出的结论,为了强调,就用黑体表示,并用方框框住,印在课本中央.因为这个结论是一个人知识体系中必不可少的一部分,所以它会出现在书中的某个位置,仅此而已.每个知识点都会占据课本的一个位置,而课本的每个地方必定有一个知识点.数学是一种有用的工具、一种严谨的思考方式和快乐的来源之一,但这样的观念与大多数小学课本的理念格格不入(即使是那些相当不错的课本).

也许有人会想:在这个水平,计算机软件能够帮助学生理解算术基础和它的应用(字码问题、估算等).可惜的是,目前的软件仅仅是将课本的常规练习照搬到显示器上而已,毫无趣味可言.我还没有见过这样的软件,它能提供完整、一致和有效的方法来处理算术问题以及涉及算术的应用问题.

小学数学教育的普遍薄弱,可部分归咎于教师水平的低下和他们对数学缺乏兴趣或正确评价.归根结底,这更源于师范院校教育的不足,它们的教师培训课程对数学重视程度不够,甚至没有.从我的亲身经历谈起,我们班上最差的学生往往是那些师范专科学生(他们大多讨厌数学).据此可知,未来的小学教师的数学素养将会差得离谱,甚至可以说一无所有.

也许情况还没糟到无可挽回:我们可以为每个小学聘请一两名数学专家,他们在上课时来回在教室间走动,补充教师在数学教学中的不足.我常想,这也许会是一个好方法,每年让数学教授和小学教师的工作互换几个星期.这无论对数学专业的学生还是对小学毕业生都是有百利而无一害(事实上,小学毕业生可以从数学教授那里学到很多东西).接着,三、四、五年级的学生也会因为讨论了教授给出的难度适中的数学问题和游戏而受益匪浅.

扯得远一点,智力难题与数学的联系始终存在着,直到研究生、科研层次也是如此,正如幽默与数学的联系一样.本书试图说明,数学和幽默是智力游戏的两种形式,它们都是智力难题、游戏和悖论的基础.

无论数学还是幽默,都是将观点分拆、整合,通过并列、归纳、反复、倒推等方法组合而成,达到娱乐的效果.如果想强调或弱化这种效果,我该如何做呢? 编织物的花边有这样的特点,在某些表面上完全不同的地方,图案其实是相同的,这种特点究竟是什么呢? 这就是几何图形的某种对称性.因为在了解这些概念之前必须先有某些数学思想,所以即使是有相当数学修养的人,也不一定很熟悉这些数学概念.同样地,独创性、对不协调的敏感和简练的表达能力对数学和幽默都至关重要.

值得注意的是,数学家对幽默有特别的感觉,这也许是他们多年训练的结果.数学家常常逐字逐句理解公式,这种咬文嚼字的解释显得十分可笑,它跟第一流的数学家是不相符的,显得很滑稽(哪两种运动风马牛不相及呢? 正如冰球和拳击运动).逻辑训练常使他们走向极端,正如将 absurdum 缩写为 ad 一样,他们常会将前提极端化,并用各种各样的组合词来表达他们的意思.

如果数学教育能和这些学科中有趣的概念联系在一起,即通过正式的学校教育或不正式的流行读物相结合,我就不相信数盲还有那么多广阔的市场.

### 中学、大学和研究生教育

当一个学生进入中学之后,教师的水平就变得更加关键了.现在,太多有数学才能的人都挤在 IT 行业、银行投资行业和其他相关领域中,因此,我认为,除非中学能提供给优秀数学教师稳定的收入,否则中学数学教育水平会越来越差.因为这个层次的数学课程,不像基础数学那样需要掌握相关的数学知识,所以,请一些退休的工程师或者其他科学领域的教授来执教,对中学生数学水平的提高会有很大的帮助.实际上,很多时候,数学文化中的精髓从来没传授给学生.1579 年韦达(Vieta)开始使用 $x$、$y$、$z$ 等代数变量来表示未知量.然而,直到现在,许多中学生却掌握不了四百年前就已出现的代数方法:用 $x$ 代表一个未知量,找到关于未知量满足的一个方程,解这个方程然后求出这个未知量.

即使这些未知量已经用恰当的符号表示,相关的方程也已经建立,要掌握解决这些方程所需要的方法,对这些学生来说也很困难.很多读完中学代数的学生,在大一微积分考试中都会犯这样的错误:$(x+y)^2 = x^2 + y^2$.

在韦达开始使用代数变量五十年后,笛卡儿(Descartes)将平面上每一个点和一个有序的实数对对应起来,用这种方法,我们可以用函数表示几何曲线.建立在这种思想基础之上的解析几何是理解微积分的关键.然而,很多中学毕业生连直线和抛物线的方程都无法写出.

在 2500 年前,古希腊人就创造了欧几里得几何,其精髓在于:由很少的几条假设作为不证自明的公理,仅仅通过逻辑推理就能推出许多定理.而在今天,中学却没将这些精髓很好地教给学生.在高中几何课堂上用得最多的一本课本中,用上百条公理来证明很少几条定理! 公理太多了,以致所有定理的证明仅三四步就能完成,根本无法很好地训练学生的逻辑推理能力.

除了对代数、几何和解析几何有所了解外,高中生还应该懂得一些离散数学的重要内容.组合学(研究排列和组合的不同计算方法的学科)、图论(研究由点、线组成的网络和能转化成这种网络的现实问题的学科)、博弈论(用数学来分析各种游戏的学科)和概率论都是越来越重要的.事实上,如果将微积分安排在高中数学课程中,却将上述离散数学学科排除在外,在我看来,这无疑是拔苗助长.(我正提出理想的高中数学课程安排.正如最近教育测试服务中心公布的"数学成绩报告"所说的一样,我在前文已经指出:高中生几乎连最基本的数学问题都不能解决.)

高中是学生学习数学的黄金时期.对于那些对代数和解析几何缺乏了解的学生来说,进入大学后才来学数学往往已经太迟了.如果学生不能了解那些正在数学化的学科,即使他们有正常的数学背景知识,他们的大学数学成绩也会极低.

女性往往更设法躲避需要数学和统计学基础的课程,例如化学和经济.这使得她们往往收入不高.我就见过许多聪明的女生选择社会学,而许多资质一般的男生却从事商业.他们的唯一差别是,男生常尽力完成大学数学课程.

数学专业的学生的基础课程有常微分方程、高等微积分、抽象代数、线性代数、拓扑学、逻辑学、概率和统计、实分析和复分析等.他们有更多的选择,不仅可以从事数学和计算机科学的研究,还可以到其他相关学科——这些学科越来越多地要用到数学.即使公司要求的职位跟数学无关,他们也希望数学专业的学生来应聘,因为他们知道,无论什么职位,一个拥有良好分析能力的人往往能很快胜任.

如果数学专业的学生继续学习,他们就会发现,比起以前的学习,研究生阶段的学习是世界上最美好的事.可惜的是,绝大多数学生却无福享受.因为美国数学家没能将他们的专业知识介绍给普通人,所以数学论文的读者仅仅局限于少部分专家.于是,一般人便无法欣赏数学研究的优美,数学家只好孤芳自赏了.

除了某些数学课本的作者,只有极少数数学作家有超过一千名读者.了解这个可怜的事实之后,我们就不会对下面的情况感到惊讶了.只有很少数受过良好教育的人敢承认,他们完全不知道莎士比亚、但丁(Dante)和歌德(Goethe)是做什么的;而对在某种意义上与文学家莎士比亚和歌德地位相当的数学家高斯(Gauss)、欧拉(Euler)或拉普拉斯(Laplace),他们却敢毫不脸红地承认自己一无所知.牛顿(Newton)并不在此列,因为他对物理的贡献比他的微积分发明更为人所熟知.

即使在研究生阶段和科研层次,情况也不容乐观.许多留学生到美国来完成他们的研究生学习,而又因为只有很少美国学生选择数学专业,所以在许多美国大学的数学研究生院中,美国学生所占比例很少.事实上,1986 年—1987 年,美国总共授予了 739 个数学博士学位,而其中只有不到一半——362 个——授给了美国公民.

如果数学是重要的(事实上,它确实如此),那么数学教育也应该是重要的.那些不屑将专业知识介绍给普通人的数学家,就像是不愿捐钱给慈善事业的亿万富翁一样.考虑到数学家的实际收入与他们的水平不相符,如果亿万富翁肯支持他们将专业知识普及化,那么上面两个不足便可弥补(也许是痴人说梦).

数学家不愿将专业知识普及化的一个原因是,他们认为专业知识太深奥了.当然,这也不无道理,但加德纳、哈弗斯塔德特、斯穆里安却是三个明显的反例.事实上,他们书中的许多思想是相当深奥的,但要理解这些思想的预备知识却很少:一些简单的算术知识和对分数、小数和百分数的粗略了解.数学家完全有可能运用很少的技巧来阐述任何领域的主要结果,并让观众欣赏该学科的精彩之处.然而,只有极少数学家能做到这一点,因为他们就像神父一样,喜欢躲在墙后,让人感到很神秘,而且只和同事交流.

简而言之,数盲的众多,显然与数学教育的贫乏有关.悲剧的种子就是这样种下的.

然而,问题比我们想象的更严重,因为还有不少人几乎没有接受过正规的教育呢!将数盲归咎于数学能力的低下,而不归咎于数学教育的薄弱,这往往是心理因素在作怪.

**数盲和个性化倾向**

数学的一个重要特点是它的客观性.某些人常对事物抱有过于主观的看法,拒绝采取客观观点.因为数字天生与客观性联系在一起,数盲因此往往对数字持排斥态度.

当一个人超越他本身、家人和朋友时,一些准数学问题就会随之而来.多少?多久?多远?多快?是什么将两者联系在一起?哪一个更有可能呢?如何将你的专业和当地、本国或国际事件联系在一起呢?又如何将你的专业和历史、生物、地理和天文时间尺度联系在一起呢?人们会认为这些问题与他们的生活中心无关,即使不了解也无伤大雅,这是多么愚蠢啊!只有当自己要依赖数字和"科学"时,他们才会对它感兴趣.更多时候,他们更喜欢时髦的说法,例如占卜牌、电子自动转换、星象学或人体生理功能周期分析法.这是因为伪科学会对不同的人给出不同的说法,满足他们个性化的要求.要让这些人仅仅因为数学的优美与精致而喜欢它,几乎不可能.

虽然严重缺乏数学知识看起来与钱、性、家庭和朋友等这些重要问题没有联系,但它会在不同方面对数盲(以及我们全部)产生影响.例如,假设某个夏日黄昏你走在一个风景优美的小镇的主干道上,看到人们幸福地牵着手,悠闲地吃着冰淇淋,你会觉得别人都比你更幸福、更相爱、生活得更精彩,因此一丝丝悲伤油然而生.

然而,事实上,只有当他们感到快乐时,他们才会出现在那里;而当他们感到悲伤和沮丧时,往往会躲起来,不为人知.应该知道:我们看到的往往只是人们快乐的一面,而并非他们的全部.如果我们恰巧知道在我们碰到的人中,有着种种不幸的人的比例有多少,我们心里会好受得多.

有时,当面对一些各方面都很优秀的人时,我们难免感到自卑.为什么这个世界上有那么多天才,有那么多有钱人,有那么多充满魅力的人,有那么多美女与绅士呢? 然而,稍微观察一下,我们就会发现:这些优点必然分散到许多人身上.因此,无论一个人是多么聪明、多么富有或多么有魅力,他或她总有自己重大的缺陷和不足.过分地关注自己,会使我们难以看到这一点,和数盲一样产生不必要的压力.

依我看来,很多人在遭遇不幸时无法面对现实,脑海中一直萦绕着这样的想法:为什么会是我呢? 当然,你无须像数学家一样认识到:从统计学角度上看,当许多人做同一件事时,总有一些人会出错.就像一个高中校长抱怨,他的大部分学生的学术能力测试分数低于学校的平均分.不幸总是重复出现的,总有人会遭殃的.那为什么你就能避免呢?

### 无所不在的过滤和巧合

心理学是对过滤现象研究得最彻底的学科,这是广为人知的.哪个印象会被过滤,而哪个又会占据我们的脑海,这取决于我们的个性.为何我们对符合我们个性的事件印象深刻,从而高估了这些巧合出现的概率呢? 比较准确的解释是珍妮·迪克森效应,它似乎可用于支持骗人的医术、减肥、赌博、心灵感应及其他伪科学观点.除非能深刻了解这种心理趋势会导致数盲,否则我们很容易在判断时心存偏见.

如前所言,只要去研究那些未加修饰的数字,采取客观的态度,我们就能避免这种趋势.我们知道,罕见的事情必然会被公开,这使得罕见的事情变得十分常见.新闻中常有恐怖分子绑架、氰化物中毒和精神错乱的家庭的报道.然而,在美国每年因吸烟而死亡的人数都会超过 300 000,相当于一年中每天发生三起满载乘客的喷气飞机坠毁事件的死亡人数.艾滋病是人类的悲剧,但相比起普通得多的疟疾,就死亡人数而言,艾滋病不过是小巫见大巫.在美国,每年因过量饮酒直接导致的死亡人数是 80 000 到 100 000,而间接导致的死亡人数还有 100 000,这比因过量吸毒死亡的人数要多得多.不难想象,其他例子也不过如此(饥荒和令人震惊的种族屠杀).但实际上,媒体充满了这类令人震惊的报道,似乎要不时提醒我们世界到处都充满了罪恶.

如果我们对平凡而客观的事情视而不见,那么留在我们脑海里的就只有令人震惊的失常和巧合,以及类似超级市场里的小报的标题.

即使人们对印象的选择不那么严格,而且具有一定的数学修养,他也会发现巧合越来越多.这是因为我们的测量工具越来越多,越来越精密,人为的巧合也日益变多.原始人对他们所处环境中的自然巧合知之甚少,然而,随着科学的发展,人们记录的观察数据日渐繁多.但是,自然界本身并没提供明显的证据证明,那么多貌似巧合的事情确实是巧合(自然界没有日历、地图、地址,甚至名字).但最近几年来,在日益复杂的世界中,随着名字、数据、地址和组织等名称的泛滥,很多人想要寻找巧合和不可能事件的本能也被激发起来了,使他们在没有联系和只有巧合的地方也要假定有联系,并尽力去寻找巧合.

如果我们不提醒自己巧合是无处不在的,那么在这日渐复杂的社会中,媒体经常报道各种各样的巧合,会使我们很容易对平凡或客观的事情视而不见.这样,我们天生那种要寻找内容或形式上的巧合的本能会使我们误入歧途.我们认为巧合是必不可少的,或者认为巧合是意义重大的,这是因为,我们心中还保留着对过去简单生活的怀念.这给数盲提供了幻想的空间.

给偶然发生的事情强加意义的现象是无处不在的.如果在某个随机事件中,样本的值大多集中在平均值旁,那么当一个样本出现极值时,下一个样本的值很有可能比上一个样本更接近平均值.这种趋于平均的特性为我们提供了很好的例子.人们常认为"虎父无犬子",但通常,当父母已经很聪明时,孩子往往不如他们聪明.而当父母已经很矮时,他们的孩子虽然还是比较矮,但很有可能比他们略高.如果我扔 20 支飞镖,中了 18 次红心,那么下次我再扔 20 支,中红心的次数很有可能没这次这么多.

这种现象之所以是有意义的,是因为这种趋于平均的特性不是某种特殊科学的法则,而是任何随机事件的固有属性.如果一个飞行员新手刚刚完成一次十分精彩的着陆,那么他的下次着陆很有可能没有这次这么精彩.同样地,如果这次着陆是非常笨拙的,那么不出意外,他的下次着陆只会比这次好.心理学家特沃斯基和卡内曼对上面的情况进行后续研究:在成功着陆后,飞行员往往会受到表扬,而当笨拙着陆后,飞行员就会受到训斥.飞行教练会将飞行员成功后下一次糟糕着陆误认为是自己表扬的副作用,而将飞行员着陆技术的提高看成是自己批评的结果.然而,事实上,两者都只是一种趋于平均的现象而已.这样的例子太多了,梯瓦斯基和卡涅曼就得出结论:"受到惩罚后,情况往往会好转,而受到

奖赏后,事情很有可能变糟.人类也是如此,当一个人受到奖赏时,就暗含对其他人的批评,而当他受到惩罚时,那就意味着其他人受到了表扬."当然,这不仅仅是人类的心态,我还希望那些导致不幸但仍可救药的数盲也能如此.

优秀电影的续集通常没有第一部那么精彩.原因不一定是电影公司贪婪成性,偷工减料,很有可能只是趋于平均的一个范例而已.一个棒球运动员在他巅峰期,经历了一个伟大的赛季之后,随之而来的赛季可能就没那么精彩了.同样地,畅销书的续集很可能不那么好卖;如果前一张唱片的销售记录惊人,那么下一张唱片就很有可能卖得比较一般了.趋于平均是一种普遍现象,它的例子随处可见.正如第 2 章提到的一样,我们应该小心把趋于平均特性与赌徒的谬误区别开来,虽然它们看起来极其相似.虽然股票的价格,甚至是普通的货物的价格,在短期内总是起伏不定,但是股票价格的波动并不是完全随机的,它升值的概率是一个固定的数 $p$,而它贬值的概率就是 $1-p$,这与它过去的表现无关.基于隐藏在股票价值中的经济因素进行的基本分析是有一定道理的.假设一种股票的价值已经被粗略地估计出来,那么趋于平均的特性有时可用于证明,反向投资策略是正确的,即购买那些在过去几年中一直在低位徘徊的股票.这是因为无论是它们,还是那些一直表现良好的股票,都很可能趋于平均,所以它们更有可能升值,而那些先前运行在高位的股票的价格就可能下跌.许多研究结果证明,这种策略是正确的.

**决定与问题的设计**

朱蒂(Judy),33 岁,未婚,是个十分自信的人.她主修政治学,并以优异成绩毕业,热衷于校园或社交活动,特别是有关反歧视或反核武器问题的活动.那么,下面哪种情况更有可能呢?

(1) 朱蒂是一个银行出纳员.

(2) 朱蒂是一个银行出纳员,并且是一个女权主义者.

答案出乎很多人的意料,(1)比(2)更有可能.这是因为含一个条件的简单命题比含两个条件的复合命题更有可能是正确的.这正如,我扔一枚硬币正面朝上的可能性,比我扔一枚硬币正面朝上,而且掷一个骰子点数是 6 的可能性要高.如果我们没有直接的证据或可以支持的理论来证明某种说法,那么描述得越详细、越生动,这个说法往往越不可靠.

让我们回到有关朱蒂的问题上来,心理学研究揭示:开场白使我们混淆了复合命题(朱蒂是一个银行出纳员,并且是一个女权主义者)和条件命题(如果朱蒂是一个银行出纳员,那么她可能是一个女权主义者)的区别.后面那个命题看起来比(1)更有可能,但可惜的是,那个条件命题并不等同于(2).

特沃斯基和卡内曼将人们对(2)的选择归之于,人们计算现实问题的概率的方法不是将事件的可能结果罗列出来,然后计算每个结果的可能性,而是常常先建立一个与此情况相类似的模型,然后将要分析的事件与此模型进行对比,从而得出结论.就这个问题而言,他们建立的模型是某个背景与朱蒂相类似的人.对很多人而言,这个背景与朱蒂相类似的人更有可能符合(2).

这些结果与直觉相违背的问题仅仅是心理学中常见的一些陷阱,不仅仅数盲,甚至数学修养不错的人也会作出错误的选择.在特沃斯基和卡内曼的畅销书《不可靠的判断》中,他们指出,当我们面对十分重大的抉择时,我们的决定会随着问题提出方式的不同而不同,这样的决定十分不理性,可以说我们近乎数盲.他们问人们这样一个问题:假设你是一个将军,你的军队已经被包围了,而敌军占有压倒性优势,即将全歼你的600人部队.这时,你只有两条逃跑路线,参谋告诉你,选择第一条,你能剩下 200 名士兵,而选择第二条,600 名士兵安然无恙的概率是 $\frac{1}{3}$,但 $\frac{2}{3}$ 的可能是你的部队无一生还.你会选择哪条路线呢?大部分人(超过四分之三)会选择第一条,因为选择第一条,有 200 人是肯定幸存的,而选择第二条,死亡人数比第一条多的概率是 $\frac{2}{3}$.

到目前为止,一切顺利.但如果问题是这样呢?再次假设你还是那个面临选择的将军.你的参谋告诉你,如果你选择第一条路,那么你将损失 400 名士兵,而如果选择第二条,你的部队安然无恙的可能有 $\frac{1}{3}$,全军覆没的可能是 $\frac{2}{3}$.那么,你又会选择哪条路线呢?

绝大多数人(超过五分之四)在面临如此选择时会选择第二条路线.这是因为第一条路线会损失 400 人,而选择第二条路线时,至少有 $\frac{1}{3}$ 可能所有士兵都能幸存.

这两个问题的本质是一样的.不同的回答结果来自于对问题表达的不同设计,前者强调幸存者,而后者注重损失人数.

特沃斯基和卡内曼还提到另一个例子:有两种选择,第一种是一定能获得 30 000 美元,第二种是有 80％能获得 40 000 美元,而有 20％是一分钱也不能得到.当面临这两种选择时,绝大多数人会选择拿 30 000 美元,即使后者的期望值是 32 000 美元(40 000×0.8).如果这两种选择改成:第一种是你一定会损失 30 000 美元,第二种是你有 80％可能会失去 40 000 美元,而有 20％可能会毫发不损.这时,虽然后者的平均预期损失是 32 000 美元,但大部分人仍会选择后者,期望能避免任何损失.特沃斯基和卡内曼得到结论:当人们在追求获利时,会尽量避免冒险;而当他们在避免损失时,就会选择冒险.

当然,我们完全无须用如此复杂的例子就可说明问题设计的重要性,它决定人们对问题作出何种反应.例如,如果你问一个普通纳税人"政府对公用事业的财政拨款准备增加 6%,你觉得怎样",也许他会同意.但如果你问他是否同意政府对公用事业的预算增加 91 000 000 美元时,他就很可能不会赞同了.说某人的成绩在班里排名中下,他可能会印象深刻;但如果说一个人的成绩只比班里 37% 的人高,那么他可能就没什么感觉了.

**数学焦虑**

数盲除了来源于心理幻觉外,更多地还来源于数学焦虑.这个名词是希拉·托必亚斯(Sheila Tobias)提出的,在她的《战胜数学焦虑》中,她描述了人们(特别是女性)在数学学习中碰到的障碍.那些既能理解交谈中双方情感的细微变化,又能理解文学作品中复杂精妙的结构、法律条文中错综复杂的概念的人,却不一定能理解数学证明中的基本元素.

他们似乎对数学体系一无所知,更无法深刻理解要证明的定理的意义.他们对数学充满恐惧.周围一些人曾经警告过他们,数学是多么的难懂.这些人可能对数学一知半解,也可能是有大男子主义的老师,也许这些人自己就有数学焦虑.

他们对那些极其复杂的字码游戏充满畏惧,坚信自己是愚蠢的.他们认为:人分为两种,一种有数学头脑,另一种没有数学头脑,前一种人能立刻得到数学问题的答案,而后一种人总是显得那么无助与绝望.

这些感觉无疑对数盲构成一个可怕的障碍.然而,我们仍能为正遭受数学焦虑的人做点事情.一个简单而十分有效的技巧是,将问题向人们解释得十分清楚；如果某人能够静静地坐下来做这件事，那么他或她也许会想到，既然已经思考这个问题那么久了，也许只要再想一想，答案就水落石出了．其他的技巧还有：用简单的数字；在保持基本关系的前提下将问题简单化或者将问题一般化；收集与问题相关的信息；从问题的结论往前逆推；图表表示；将现在的问题或其中的一部分和你已经理解的以前的问题作比较；最重要的是，尽可能地研究不同的例子和问题．事实上，人们总是在阅读中学习如何阅读，在写作中学习如何写作，这当然可以推广到如何解题(甚至如何证明数学问题也是如此)．

在写这本书的过程中，我(也许一般的数学家)无意中发现一种对数盲有所帮助的方式．曾经有段时间，我不知道如何将要写的内容进行扩充．无论是我的数学训练还是我那急躁的个性都使我对重要的观点简单扼要地阐述，而不纠缠于次要的观点、内容和细节．我想，如果我写得过于简要，后果肯定是：对那些希望找到一种更简便的方法来摆脱数学焦虑的人来说，这篇文章不仅作用不大，甚至会增加他们对数学的恐惧．正如前文所述，数学太重要了，不能只剩数学家能掌握它，应该让所有人都来关注它．

对学习的极度懒散有别于数学焦虑，但比数学焦虑更难对付．它影响着小部分学生，而且人数越来越多．这些学生看起来多么缺乏自律与激情，以致一事无成．如果我们能教给那些正遭受数学焦虑的人一些方法，以减轻他们的恐惧，那么分神强迫症患者就能减轻病情．而对那些无法集中精神于智力问题的学生，我们又有什么办法呢？ 当你责备他们："结果不是 $X$，而是 $Y$．你忘记考虑这一点或那一点了．"他们的反应是两眼呆滞，无所谓地说了一声："哦，是．"他们的问题显然比数学焦虑要严重得多．

**浪漫的误解**

对数学本质的浪漫的误解,不仅造成容忍可怜的数学教育的智力环境,甚至鼓励人们可以不重视数学教育和加重人们对数学的厌恶.这些观念深深植根于很多数盲的内心.卢梭(Rousseau)将英国形容为"充满市侩气的国家"的贬低性言论,被当作一种信念流传了下来:英国人常拘泥于细节,只见树木,不见森林.数学常被认为是机械死板的,是空无一物的.另一种观点是,数学有时是一种强迫接受的赋予,它能够莫名其妙地决定我们的未来.如果持有这种观点,那么他肯定离数盲不远了.让我们细加审视一番.

因为数学研究的是抽象的问题,而不是具体的事物,所以它被认为是理性的.当然,在某种意义上,情况确实如此.即使是罗素也称纯数学的美是"理性而严谨"的,而正是这种理性而严谨的美,一开始便吸引数学家到这个学科来.大部分数学家本质上是柏拉图主义者,他们常把某些抽象而理想的数学对象看成是有趣的.

尽管如此,纯数学仅仅只是数学的一部分.如何用纯数学解释现实世界就产生了许多数学分支,这些数学分支几乎与纯数学同等重要.因此,在这种扩展的意义上,数学不再是冷冰冰的.前文已经提到,像"1+1=2"这么简单的数学结论都会被误用:一杯水加上一杯爆米花并不等于两杯浸水的爆米花.因此,在稍微复杂而困难的情况中,数学的应用就变得更加扑朔迷离了,因为这时,如何应用不仅取决于人们的努力,还取决于人们的热情和个性.

即使是数学中最纯粹、最客观的部分,它的研究过程也常常是十分激动人心的.像其他科学家一样,数学家也会被一些复杂情感所驱动,包括正常的妒忌、自负和竞争心理.数学家在钻研问题时常有一种难以抑制的激情,这种激情看起来跟他们研究的纯粹性有关.数学研究领域中你追我赶的情况充分表明,在大部分数学基础学科中(包括数论和逻辑学),还是充满浪漫精神的.这种浪漫精神可追溯到神秘的毕达哥拉斯(Pythagoras)时代,他相信只要理解了数字,便洞悉了世界.这种浪漫精神还在其他领域中找到了它的应用.这种浪漫精神趋势为绝大部分数学家提供了至少一小部分情感补充,更使那些认为数学是理性的人感到惊讶.

　　另一个颇具影响的误解是,数字使事物失去了个性,或者在某种方式上减少了其特征.当然,用简单的数字与统计概念来表示现象,会降低事物的复杂性,这种想法是符合逻辑的.但是,奇特的数学概念、大量统计学关系和计算机打印出来的结果本身并没给出解释,而任由社会学家自作主张.无论用智商(I.Q.)来表示人的智力水平,还是用国民生产总值(GNP)来表示经济状况,希望以此来降低问题的复杂性,这类做法是十分可笑的.

　　很多人反对用数字来标识人的身份(社会保障、信用卡等),这种想法其实同样可笑.事实上,数字的这种应用更增加了人们的相异特征.没有两个人有相同的信用卡号,然而,却有很多人有相同的名字,或相同的个性,甚至相同的经济状况.

　　银行常常吹嘘他们的服务是多么的人性化.然而,银行出纳员对业务其实并不精通,他们常常在说完"早上好"之后,马上就把你的事务弄得一塌糊涂,令人哭笑不得.因此,我宁可和柜员机打交道,它通过数字确定我的身份,有了程序的支持,它勤勤恳恳地工作了几个月也几乎不会出错.

　　我认为,数字鉴定确实有些不足:它太长了.乘法原则表明,用九位数或含 6 个字母的字符串就足够区分任何美国人($10^9$ 是 10 亿,而 $26^6$ 则超过了 3 亿).那为什么某些商店或郊区的水厂,还认为鉴定数字的长度应该是 20 位或更多呢?

在写到数字与个性化时,我想到这样一件事:只要你肯付 35 美元,有些公司就能用你的名字命名一颗星星,并且会发给你某种官方的证书,把你的名字写在某本藏于国会图书馆的书上.这些公司通常在情人节期间大做广告.看来他们的生意不错,否则这些公司早就倒闭了.我有个绝妙的点子,这个点子跟刚才那种可笑的业务有点类似.只要你愿意出 35 美元,我们可以用官方形式将某个数和你联系在一起,同样会发给你一个官方证书,把你的名字和某个数写在国会图书馆收藏的某本书中.而且,不同数有不同的价格,完美的数需要额外的费用,素数的价格要远高于合数,等等.这下子,我会通过售卖数而大发其财的.

另一个对数的误解是,数是对人类自由的一种限制,有时甚至阻碍人类自由.如果人们接受某一种观点,而他们却得到了一个并不喜欢的结论,他们便往往把这种大煞风景的事与其表达方式联系起来.

在非常弱的意义下,数学由于它的真实性,当然具有强制性,但是,它本身并没有强迫你接受的力量.如果你接受了某种前提和定义,那么你只能接受由它们推出的结论.但是,你常常可以不接受这种前提或拒绝这种定义,或选择不同的数学方法.在这种意义下,数学其实是反对强迫的,它给那些潜心钻研的人提供了广阔的空间.

考虑下面这个例子,它说明我们可以随意用数学而不受其束缚.两人在打赌,他们各押硬币的一面,然后开始扔硬币,看哪一面先出现 6 次,赢的人可以得到 100 美元.然而,当进行到 5∶3 时,赌博中止了.问题是:赌金如何分配？ 也许有人会说,第一个人应该得到全部 100 美元,因为这个赌博只有两种结果,而第一个人现在领先.另一个人也许会认为,既然比分是 5∶3,那么第一个人应该得到赌金的 $\frac{5}{8}$,另一个人拿 $\frac{3}{8}$.当然,还可以这样考虑,因为第一个人赢的概率是 $\frac{7}{8}$(第二个人赢只有一种可能,那就是在接下来的三次抛硬币中都出现他猜的那一面,这种概率是 $\frac{1}{2} \times \frac{1}{2} \times \frac{1}{2} = \frac{1}{8}$),所以第一个人应该得到赌金的 $\frac{7}{8}$,而另一个人只能得到 $\frac{1}{8}$.(附带提一下,这是概率理论中的第一个问题,帕斯卡首先解决了这个问题.)还有其他的数学方法可确定赌金的分配.

关键是,采用何种方式来分配金钱与数学无关.由假设与初始值,我们可以得到一些结果,数学的作用在于如何得到这些结果,并帮助验证其合理性.但这些假设与初始值却来源于我们,这是数学所不能决定的.

尽管如此,数学常被认为是一件意义不大的事.很多人相信,对数学结论正确性的判断是一件机械性的工作,只要加上一些运算法则和方法,最后肯定能作出判断.他们还认为,只要给定合理的公理体系,任何结论都能被证明或证伪.在这种观点下,数学的所有结论都是一成不变的,所有探索过程的艰辛均可忽略,甚至连如何掌握必备的运算法则,以及研究需要的那种锲而不舍的精神也成为多余之举了,无穷耐心也无须考虑了.

令人欣喜的是,美籍奥地利裔逻辑学家库特·哥德尔(Kurt

Godel)天才地证明了:在任何数学系统中,无论它的公理体系是多么优美,总有某些结论的正误在这个系统中是无法判断的,从而驳斥了这种完美的假设.逻辑学家阿隆佐·丘奇(Alonzo Church)、阿伦·图灵(Alan Turing)等也得到相关的结论.这加深了我们对数学的了解,使我们洞悉了数学的局限性.考虑到我们所要讨论的内容,对于进一步的知识我就不再阐述了,然而这些就已经足够说明,从理论上讲,数学既非机械的,也非完善的.

即使不涉及这些抽象的描述,这种认为数学的天性便是机械性的误解还有其他更一般的形式.数学常被看成是技师的科目,而数学才能经常与死记硬背能力、初等设计能力或快速计算能力相混淆.更奇怪的是,很多人常常在对数学家和科学家顶礼膜拜的同时,却不认为他们是最精明的人.因此,我们经常可以看到,一些大企业常常热衷于聘请资历很深的数学家、工程师和科学家,然而这些专家却要听从刚毕业的工商管理硕士或会计师的指挥.

人们对数学的另一个误解是,数学研究会降低人对自然的领悟,降低人对"大"问题(人的本质是什么?)的理解.因为这个问题常常被提起(例如,在本章的开头怀曼就提到过),但很少能具有说服力,所以很难驳斥它.从某种程度上讲,如果一个人相信分子生物学,那么他就不会感到生命是多么神秘而复杂的事了.更为常见的是,人们对生命本质的看法往往是反启蒙主义的,这是由那些喜欢将答案模糊化和神秘化的人推波助澜的结果.模糊有时是必需的,而神秘从来都不缺乏支持,但我对这些并不迷信.比起超级市场的小报上的内容和不切实际的数盲,真正的科学与精确的数学其实更加迷人.数盲助长轻信、拒绝怀疑,距离现实越来越远,便显得越来越愚蠢.

**离题:对数安全指标**

几年以前,超级市场开始明码标价(每千克多少钱,每升多少钱,等等),给顾客一个统一的尺度,以此确定商品的价钱.连狗粮和食品罐头都能合理定价,难道我们还不能设计出一些粗略的"安全指标"吗?(应用这些指标,我们可以大概知道各种行为、过程出毛病的安全程度.)我所建议的是类似里氏震级的东西,用这类指标,媒体可以很方便地向人们描述危险的程度.

像里氏震级一样,这些指标应该是对数指标.当然,要理解对数指标对数盲来说不是一件容易的事,他们把高中出现的数学概念——对数——看成怪物,对其充满恐惧.一个数的对数其实很简单,当以 10 为底,以它为指数时,幂恰好等于原来的数.因为 $10^2 = 100$,所以 100 的对数是 2;因为 $10^3 = 1\ 000$,所以 1 000 的对数是 3;因为 $10^4 = 10\ 000$,所以 10 000 的对数是 4.如果某个数介于某两个 10 的幂之间,那么这个数的对数肯定介于最接近的两个 10 的幂的指数.例如,700 的对数介于 2(100 的对数)和 3(1 000 的对数)之间,实际上,它大概是 2.8.

安全指标应该如下定义.考虑某个每年死亡人数大致相等的事情.例如,驾驶汽车:在美国,每 5 300 个死者中便有 1 个是死于汽车事故.那么驾驶汽车的安全指标便是相当低的 3.7,即 5 300 的对数.一般地,如果每 $x$ 个死者中有 1 个是死于某个给定的行为,那么这个行为的安全指标就是 $x$ 的对数.因此,根据定义,安全指标越高,这个行为也就越安全.

(因为媒体和人们有时更关心危险程度甚于安全程度,另一种可选择的做法是定义危险指标:用 10 减去安全指标.危险指标为 10 等于安全指标为 0——必定死亡;而危险指标 3 等价于安全指标 7,或者每 $10^7$ 个死者便有一个是死于此事.)

根据疾病控制中心的资料,在美国,每年因吸烟导致的心脏病、肺病及其他疾病而过早死亡的人数大约是 300 000,大约是所有死亡人数的 $\frac{1}{800}$.800 的对数是 2.9,这说明吸烟的安全指标甚至低于开车.我们还可以用图表来描述这类可预防的死亡.数字表明,每年死于吸烟的人数是整个越南战争死亡人数的七倍.

比起开车与吸烟的安全指标(3.7 和 2.9),绑架的安全指标就高得多了.在美国,每年死于绑架的儿童估计少于 50 人,大约占所有死亡人数的 $\frac{1}{5\,000\,000}$,因此其安全指标是 6.7.要知道,数字越大,危险越小,而且安全指标每增加 1,危险就降为原来的 $\frac{1}{10}$.

这种粗略的对数安全指标的优点是明显的,它为我们,特别是为媒体,提供了一种将不同行为、疾病和过程的危险进行估计的简便方法,并将其按数量级进行排序.它的缺点是,无法区别相对概率和绝对发生率.某个行为也许是极其危险的,但它同时也是很少见的,这就导致它的死亡人数很少,从而其安全指标很高.例如,很少人会因为在高楼间走钢丝而死亡,而事实上,这种行为一点也不安全.

因此,需要对指标的定义稍加改进,我们应该只考虑那些有可能因这个行为而死亡的人数.如果每 $x$ 个做某件事的人中有一个死亡,那么这件事的安全指标应该是 $x$ 的对数.根据这个定义,高楼间走钢丝的安全指标可能相当低,大概只有 2(估计每 100 个大胆的杂技运动员就有一个发生了意外).同样地,俄罗斯轮盘赌[1]的安全指标比 1 还小,接近 0.8.

　　如果某个行为或疾病的安全指标高于 6,那么可认为它是相当安全的,因为其可能性比百万分之一还小.而如果某件事的安全指标低于 4,那么它就有点危险了,这时,它的概率比万分之一还大.当然,如果公开数字的话,人们可能不能马上了解这些数字的意义.但正如香烟盒上的外科医生的忠告一样,这些数字必将被人们所接受.如果人们已将安全指标深深刻在脑海,那么有关残忍死亡事件的报道对人们的误导就不会那么大.卷入那些少见但可怕的悲剧的人毕竟是少数,我们不再因为这些悲剧而忘却那些影响更广泛的一般疾病或行为其实更加危险,更值得我们关注.

　　让我们考虑更多的例子.每周有 12 000 美国人死于心血管疾病,也就是说,每年死于心血管疾病的人占所有死亡人数的 $\frac{1}{380}$,其安全指标是 2.6.(如果一个人不吸烟,他的心血管疾病的安全指标会相当高,但这里只做粗略估计.)癌症的安全指标稍微高于 2.7.顺便提一下骑自行车的安全概率:每 96 000 个美国死者中便有 1 个是因自行车事故而死,因此其安全概率大概是 5(实际上这有点低,因为骑自行车的人比较少.)再看一些罕见的种类,据估计,因被闪电击中而死的人占所有死亡人数的 $\frac{1}{2\,000\,000}$,其安全指标是 6.3;而死于蜂刺的人的比例是

---

[1]　俄罗斯轮盘赌是一种致命的赌博形式.赌博时,赌徒先往手枪的枪膛装一颗子弹,随机转动枪膛,然后轮流用枪朝自己头部射击,看谁不幸碰上这颗子弹.——译者注

$$\frac{1}{6\,000\,000},$$ 其安全指标是 6.8.

安全指标会随时间的变化而变化,流感和肺炎的安全指标在 1900 年大约是 2.7,而在 1980 年大概是 3.7.大约过了相同长的时间,肺结核的安全指标却从 2.7 上升到接近 5.8.安全指标也会随着国家的不同而不同.在美国,被杀的安全指标大约是 4,而在英国,它介于 6 到 7 之间;然而,美国的疟疾的安全指标却远高于其他国家.与经济效应相类似,核能的安全指标远高于燃煤的安全指标.

除了能让我们很容易对所有危险全面了解外,安全指标还指出相对的危险程度,它隐藏这样一个明显的事实:任何事情都是有一定危险的.它对这个十分关键的问题——究竟有多危险——给出了粗略的答案.

我想,无论安全指标的优点是什么,都应该成立一个由电视网、新闻杂志和报纸的从业人员组成的督察小组,监控媒体发布的数据的真实性,从而阻止媒体的数盲行为.这将会是一个广受欢迎并且十分有效的措施.督察小组可以检查所有新闻事件,研究其中提到的数据真实性,他们要特别留意那些难以置信的报道.这样,类似威廉·萨菲尔(William Safire)在《纽约时报》专栏上写的有关未来生活的文章,也许会成为督察小组公布的本周或本月最数盲的文章.这类文章不得不写得尽量娱乐些,使大部分读者惊叹于它的措辞优美.然而,正因为如此,极少的读者会对与措辞相类似,但也许更重要的数据的真实性作认真的思考.

媒体的数盲现象不仅仅是学术争端,更会直接导致极端政治化,甚至走向伪科学.因为边缘政治和边缘科学常常比主流更加吸引人,所以媒体对边缘政治和边缘科学的报道会更多,这使人们产生错觉,好像它们比主流还更有代表性、意义更重大.此外,大多数媒体往往对反常的事情特别感兴趣,喜欢用数盲风格来解释这类现象,而人们常对媒体报道的东西坚信不疑,这就不可避免地导致十分严重的后果.

# 第 $5$ 章

## 统计，协调和社会

威斯康星州曾经有一个人，他反对引进夏令时间，引起了很大的争议.他一本正经地声称，在采用任何政策的时候总应该协调一致，并且断言，如果夏令时间被采用，那么布帘和其他织布将会更容易褪色.

被调查的医生中有百分之六十七的人喜欢 X 胜过喜欢 Y.（琼斯不能被这种情况说服.）

由于世界的人口呈指数的形式增长，因此人们估计，目前依然活着的人只是占曾经生活在地球上的人的百分之十到百分之二十之间.如果确实是这样的话，难道这就意味着，没有足够的统计证据最终去拒绝永久性的假设了吗？

### 优先——个人还是社会

这章的内容将集中在数盲对社会的负面影响，尤其强调社会和个人之间的冲突.大部分例子涉及公平交易的某一形式,或者冲突各方的平衡,它们将表明,数盲如何不知不觉地出现在公平交易中,有时也会不见其人,只闻其声,例如上面威斯康星州的例子那样.

让我们检测一个初步的和概率相关的奇特现象,它的发现归功于统计学家布拉德利·埃弗龙(Bradley Efron).假设有四个骰子 A、B、C 和 D,它们有下面这样一些奇妙的数字:A 骰子有四个面是 4,两个面是 0;B 骰子的六个面都是 3;C 骰子有四个面是 2,两个面是 6;D 骰子有三个面是 5,三个面是 1.

如果 A 骰子和 B 骰子对抗,A 骰子将会有较大的机会获胜(这个机会是三分之二);类似的,如果 B 骰子和 C 骰子对抗,B 骰子也将有三分之二的机会获胜;如果 C 骰子和 D 骰子对抗,C 骰子也将有三分之二的机会获胜;然而这里有一些巧妙之处,如果 D 骰子和 A 骰子对抗,D 骰子也将有三分之二的机会获胜.这样 A 打败 B,B 打败 C,C 打败 D,D 打败 A,每一种情况都有三分之二的机会获胜.于是,在挑战某个选择不同骰子的人时,你甚至可以处于有利地位,使你能够选择一个骰子,有三分之二获胜的机会.比方说如果对方选择了 B 骰子,你就能够选择 A 骰子;如果对方选择了 A 骰子,你就能够选择 D 骰子,等等.

对 C 骰子打败 D 骰子,可能需要一些解释.1 有一半的机会出现在 D 骰子上,在这种情况之下,C 骰子当然会获胜.5 也有一半的机会出现在 D 骰子上,在这种情况之下,C 骰子有三分之一的机会获胜.从而,因为 C 骰子能够通过这样两种不同的方式获胜,所以 C 骰子打败 D 骰子的机会刚好等于 $\frac{1}{2}+\left(\frac{1}{2}\times\frac{1}{3}\right)=\frac{2}{3}$.我们可利用类似的方法,证出 D 骰子打败 A 骰子的机会也是三分之二.从 18 世纪的康道塞(Condorcet)侯爵到 20 世纪的肯尼斯·阿隆(Kenneth Arrow),这种非传递性(X 打败 Y,Y 打败 Z,Z 打败 W,但是 W 仍然打败 X),是大部分选举中自相矛盾说法的基础.

在个人合理性基础上的社会不合理性,其可能性被康道塞的初始例子中的一个微小变量所暗示出来.在 1988 年民主党的预选中,有三个候选人,杜卡基斯(Dukakis)、戈尔、杰克逊(Jackson).假设三分之一选民喜欢他们的顺序是杜卡基斯、戈尔和杰克逊,另外三分之一选民喜欢他们的顺序是戈尔、杰克逊和杜卡基斯,而剩下的三分之一选民喜欢他们的顺序是杰克逊、杜卡基斯和戈尔.于是,相安无事.

但是如果我们考察任意两个人之间的竞争,我们将会发现一种自相矛盾的情况.杜卡基斯将会感到自豪,因为有三分之二的选民喜欢他而不喜欢戈尔,杰克逊也将会说有三分之二的选民喜欢他而不喜欢杜卡基斯.最后,戈尔也将算出有三分之二的选民喜欢他而不喜欢杰克逊.如果社会的选择是由多数投票决定的话,那么社会上的人将会喜欢杜卡基斯胜过喜欢戈尔,喜欢戈尔胜过喜欢杰克逊,喜欢杰克逊胜过喜欢杜卡基斯.这样,即使所有选民的个人偏爱是理性的(例如,传递性——无论什么时候,只要一位选民喜欢 X 胜过喜欢 Y,喜欢 Y 胜过喜欢 Z,那么这位选民就会喜欢 X 胜过喜欢 Z),由得票多数决定的社会偏爱也不一定是传的.

当然,现实生活中事情往往比考虑得更复杂.例如,莫特·萨尔(Mort Sahl)评论关于 1980 年的那次大选.那时,人们投给里根的票并没有太多,就好像他们投票反对卡特(Carter)那样.如果里根的对手不是卡特的话,那么他就有可能会输掉那次竞选.(我不知道怎样把当时的情形模拟出来.)

我们并不会错误地认为,康道塞的自相矛盾的说法和萨尔的笑话是不切实际的.经济学家阿隆已经证实了一个非常普遍的现象:类似上面所提到的情形刻画了每种投票体制.特别是,他已经论证了从来就没有一种方式,使得社会偏爱来自于个人偏爱,并且这种个人偏爱能被完全保证最少满足以下四个条件:社会偏爱必须有传递性;这种偏爱(个人和社会)只能是二者选一;如果每一个人喜欢 X 胜过喜欢 Y 的话,那么社会的偏爱一定是喜爱 X 胜过喜爱 Y;个人的偏爱不会自动决定社会的偏爱.

**放任主义:亚当·史密斯(Adam Smith)或者托马斯·霍布斯 (Thomas Hobbes)**

逻辑学家罗伯特·沃尔夫(Robert Wolf)设计了一个二难推理,它揭示了个人和社会之间一类不同形式的冲突.沃尔夫提出过一个更著名的关于囚犯的二难推理,我们下面将作一个简短的回顾.这两个例子说明,如果一味追求个人的私利,那么不一定总能得到个人的最大利益.

假设你和二十个熟人在一个房间里偶然相遇,你们都是被一个行为古怪的慈善家带到这里.你们中的每一个人都不能用任何方法和其他人交流,而且你们中的每一个人都要面临如下的选择:要么按下自己前面的小按钮,要么不按.

如果你们中所有的人都不按下按钮的话,那么你们每个人都将从慈善家那里获得 10 000 美元.但如果你们中至少有一人按下了那个按钮,那么按下按钮的那些人将每人得到 3 000 美元,没按下按钮的人将什么都得不到.这里的问题是:你是为了稳拿那 3 000 美元而按下按钮,还是忍耐住,并寄望于每一个人亦是如此,从而使每一个人赢得 10 000 美元.无论你作出什么样的决定,每一个决定都能够改变这些奖金,或者参与的那些人也会促使你作出和你最初决定相反的决定.那么,当你决定按这个按钮时,如果奖金是 100 000 美元(都不按)对 3 000 美元(按),你大概会作出相反的决定.而当你决定不按按钮时,如果奖金是 10 000 美元(都不按)对 9 500 美元(按),你可能也会作出相反的决定.

也可以有其他的方法来设置赌局.假设用一个极端的虐待狂来取代这个行为古怪的慈善家.如果你所在的那个组没有一个成员按这个按钮,他将会允许你所在的那个组的每一个成员安全地离开.然而,如果你所在的那个组的一些成员按了这个按钮,那么按按钮的那些人将有百分之九十五的机会生存,而那些没有按按钮的人将会立刻被杀死.你会采取以间接导致其他人死亡为代价,而让自己获得百分之九十五的机会去按那个按钮吗? 或者你会抵抗你的恐惧,并且也希望每一个人不会被他的恐惧所战胜,而不去按那个按钮吗?

沃尔夫所设计的二难推理常常出现在这样的情境中,在那种情境里,如果我们不严加提防,那么我们就面临着被出卖的危险.

现在我们以两个女人为例子,她们必须进行一次短暂而又匆忙的交易.这两个女人在一个街道的角落里,用一个装满物品的牛皮袋进行交易,交易完后她们并没有立即检查袋里的东西就马上离开.在她们两人见面之前,她们每个人都有同样的选择:要么在袋子里放上对方想的有价值的东西(这是合作的选择),要么用碎报纸将牛皮袋填满(这是个人主义者的选择).如果双方彼此合作的话,那么每一个人将得到她们所想要的东西,但这是以公平作为代价.如果 A 在袋子里装满了碎报纸,而 B 并没有那样做,那么 A 将不需要付出任何代价就得到她所想要的东西,而 B 将被欺骗.如果她们两人都在袋子里面装满碎报纸,那么每一个人都得不到自己想要的东西,但是没有人会认为自己被欺骗.

对这一对女人来说,最好的结局是彼此之间进行合作.然而,A 可能有以下的理由:如果 B 选择了合作,而我选择自私的话,那么我将不需要付出任何代价就得到我想要的东西.反之,如果 B 选择自私,而我也选择自私的话,那么至少我将不会上当受骗.这样,如果我选择自私,并且将一袋子的碎报纸给她,那么不管 B 怎么做,我都处于有利的位置.当然,B 可能也有同样的想法,并且她们最终都非常可能用装着毫无价值的碎报纸的袋子进行交易.

在合法的买卖交易中类似上面的情况可能会出现,甚至在几乎任何一种交易中,这种类似的情况都可能会出现.

囚犯的二难推理属于形式上与上述一样的情景.两个犯罪嫌疑人在一宗犯罪中被逮捕.他们被隔离审查,并且面临着两种选

择:供出主犯和其他同犯,或者保持沉默.如果他们都保持沉默,那么他们每一个人判刑一年.如果有一个人招供,另一人没招供,那么招供的那个人将被释放,而没招供的那个人将被判刑五年.如果他们两人都招供了,那么这两个人都要被判刑三年.所以对这两人来讲,如果选择合作,那么两人都会保持沉默,然而如果选择自私的话,那么两人会招供.

对这两人来讲,他们再一次陷入两难的选择.哪种选择才是最好? 是选择都保持沉默,并且准备坐上一年的牢.这时,每个人都存在着一种最坏的可能性,这就是被人欺骗,蒙受牢狱之冤.作为一种选择,他们很可能两人都招供,并双双入狱三年.

那又怎么样呢? 当然,我们并非对审判犯人有特别的兴趣,而是因为在日常生活中,这样的例子为我们提供了合乎逻辑的思考框架.不管我们是竞争市场中的商人,夫妻配偶中的一方,还是参与军事竞赛的超级大国,我们常常碰到类似于犯人所碰到的两难选择.这里,并不存在一个完全正确的答案,而是当事人双方如果都能够相互协作、经得住诱惑,而不去背叛对方,或者当事人双方都对对方忠心耿耿,那么两人的处境将会比较好.如果当事人双方都只顾追求自己的利益,那么结局将比他们互相合作更糟.史密斯相信:对个人利益的追求能够在无形之中给大家带来快乐.在这些情形里,恐怕是无法实现了.

如果有两个作者,他们必须公开地评论对方的书,那么这种情况与前面所提到的情形稍微有点不同.假如他们都是对着同样的读者进行评论,如果自己在极力地贬低对方的书,而对方却在赞扬自己的书,那么自己肯定会得到好处,并且这样所带来的好处是比双方互相赞美对方的书所带来的好处更大,同样也比双方互相批评对方的书所带来的好处更大.于是,到底是选择赞美对方好呢? 还是选择批评对方好呢? 这里就多少有点像犯人所遇到的尴尬的情况.(我说"多少有点像",是因为这件事需要三思而后行,比如还要考虑这本正在评论的书的优点.)

关于囚犯的两难的选择,是一个广泛的文学主题.两个当事囚犯的困难选择的情形能够扩大到多个当事人囚犯的难以抉择的情形,每个囚犯都能够选择是为集体作出自己微薄的贡献,还是为自己牟利,从而让自己得到相当大的好处.这种多名囚犯的难以抉择的情形,在模拟"无形的东西"的经济价值时是有用的,例如水、空气和空间的净化问题.

政治学家罗伯特·艾克斯罗德(Robert Axelord)一直在不断反复研究犯人处于两难选择的情形.其中有一种情况就是:如果两个人(或者商人们、配偶、超级大国或其他之类)经常见面进行交易,那么这里就有一个理由能够迫使他们进行合作,并且让他们不会轻易地背叛对方.这个理由就是:你可能将不得不再一次和他(或她)做生意.

让我们从更广泛的角度来考虑问题.因为几乎所有的社会交易都包含着像囚犯遇到的两难选择,所以一个社会的风气能够反映在当事人双方交易的过程中,是否选择合作.如果一个特定社会的成员们都不会和别人合作的话,那么他们的生活就很像托马斯·霍布斯所说的"孤独、贫困、肮脏、粗暴和短视".

### 生日、死期和超感官知觉(ESP)

概率论起源于 $17$ 世纪的赌博问题,并且由于赌博的趣味性和吸引力,使得概率论能够发展至今.统计学也开始于同一个世纪,它的起源与停尸间的登记册有关.描述统计学是统计学中最古老的,也是人们最熟悉的内容.描述统计学通常是(虽然并不总是)一门枯燥的学科.它的内容包括百分数、平均值和标准差.推断统计学在理论上更有趣的领域是使用概率论进行预测,估计总体的重要特征,并且检验假设的有效性.

后一个概念——假设的统计检验——在原理上是不难的.你先建立一个假设(常常称作是零假设),并且做了一次试验,然后通过计算验证试验的结果是否和假设一致.如果不一致,你拒绝这个假设,有时,暂时接受一个备择假设(Alternative hypothesis).在这个意义上,统计学对于概率就好像工程学(一个建立在更多智力刺激上的应用性学科)对于物理学那样.

考虑这样的例子.在一个简单的统计检验中,它的不可预测的结果有足够的证据,去否定那些通常的和似乎显然的假设.比方说,人们的生日和死期之间是没有什么特定的联系.特别地,自然可以假设:在某个社区里,大约百分之二十五的死亡是发生在死者生日后的三个月内(大约百分之七十五的死亡是发生在其余的九个月内).

然而,令人惊讶的是,我们在犹他州盐湖城 1977 年的报纸上随意抽取了 747 个死亡讣告,这些讣告表明:被调查的死者中,有百分之四十六的死者死于他们生日后的三个月内.然而,我们所给定的零假设认为:大约百分之二十五的死者死于他们生日后的三个月内,因而在这期间,百分之四十六或者更多的人死亡的概率非常小,以致实际上可以认为是零.(我们必须考虑这个备择假设是百分之四十六或者以上死亡,而并不是刚好百分之四十六死亡.为什么呢?)

因此,我们可以拒绝零假设和暂时接受备择假设.不管是什么原因,人们似乎一直在等待他们的生日直到死亡.不知这是否是对达到另一个里程碑的期望,还是对生日引起的伤感.("哦,我的上帝,我九十二岁了!")很明显,一个人的心理状态是反映他将死的一个因素.可是,必须看到,这项研究在不同的场合被重复.我推测:这一现象在高龄人群中是更加明显的,因为对他们来说,一个最后的生日是他们唯一能够实现的最有意义的成就.

为了说明二项式概率模型的重要性,并且提供一个统计试验的数字例子,我们设计一个超感官知觉(ESP)[1]的微型试验.(这是本章我们提到的内容之一,它可能很容易被忽视.)假设对纸板上的任一个题目存在三个选择符号,其中恰有一个是对的[2].我们从中随便挑选一个符号放在这个纸板的下面,同时要求纸板上的题目和这个符号一致.经过二十五题的试验,题目和这个符号一致的情况刚好是十次.难道这样就有足够的证据来否决,题目并没有超感官知觉吗?

答案取决于,我们做这试验时碰巧做得好或者较好的概率.恰巧有十个猜想答对的概率等于 $\left(\dfrac{1}{3}\right)^{10}$(前十个问题答对的概率)× $\left(\dfrac{2}{3}\right)^{15}$(后十五个问题答错的概率)×二十五个用来试验的问题中不同的十个问题的组合总数.后者是必需的,因为我们只对答对十个问题的概率感兴趣,而不是对答对前面十个问题的概率感兴趣.答对任意十个问题的总数,也可以说成是答错任意十五个问题的

---

[1] 超感官知觉(Extra Sensory Perception),简记 ESP,是指直觉通过生理感官之外的途径进行的沟通和感知.——译者注

[2] 类似于有 3 个选择支的选择题.——译者注

总数,它们的概率相等,都等于$\left(\dfrac{1}{3}\right)^{10}\times\left(\dfrac{2}{3}\right)^{15}$.

因为从二十五个中选出十个的方式共有 3 268 760(即 $\dfrac{25\times24\times23\times\cdots\times17\times16}{10\times9\times8\times\cdots\times2\times1}$)种[1],从二十五个问题中猜对十个的概率是:$3\,268\,760\times\left(\dfrac{1}{3}\right)^{10}\times\left(\dfrac{2}{3}\right)^{15}$.类似地,我们可以计算出从二十五个问题中答对十一个、十三个,乃至二十五个的概率,而且,如果这些概率都有意义的话,那么从二十五个问题中至少猜对十个的概率大约为百分之三十.这个概率并不会低到足以否决"没有超感官知觉"的假设.(有时,这一结果在概率上反驳起来更为困难,但是在这些提供带有暗示问题的试验设计中,总是会出现漏洞.)

**Ⅰ类错误和Ⅱ类错误:从政治到帕斯卡的赌博**

再看一个统计试验的例子.假设在某个地区至少有百分之十五的汽车是卡佛特(Corvettes),我在这个地区的一个典型的十字路口进行观察,发现经过这个十字路口的 1 000 辆汽车当中只有 80 辆是卡佛特.运用概率理论,并且根据我的假设,可以算出这个结果很可能会远远低于一个通常的"显著性水平",即百分之五.因此,我否决了"这地区百分之十五的汽车是卡佛特"这一假设.

在应用这个或者任何统计试验的过程中,有可能会犯两类错误.用足够的想象力,我们称它们为Ⅰ类错误和Ⅱ类错误.当一个真实的假设被否决,我们称发生了Ⅰ类错误,而当一个错误的假设被接受时,我们称发生了Ⅱ类错误.这样,如果有大量的卡佛特

---

[1] 即组合数 $C_{25}^{10}$.——译者注

在这地区上行驶，那么我们就会接受在"这地区上至少有百分之十五的车是卡佛特"的错误假定，这样，我们将犯Ⅱ类错误.另一方面，如果我们没有意识到这个地区大部分的卡佛特是被存放在汽车库而没有被驶出来，那么我们将会否定真实的假定，从而将犯Ⅰ类错误.

这种区别也可能被非正式地使用.当正在分配金钱时，自由主义者特别难于避免犯Ⅰ类错误(有功者没有获取应得的报酬)，而保守派更侧重于避免犯Ⅱ类错误(无功者却得到更多的报酬).当进行惩罚时，保守派更要注意避免犯Ⅰ类的错误(有功者或有罪者都得不到他们应得的赏和罚)，而自由主义者更担心的是避免犯Ⅱ类错误(无功者或无罪者得到他们不应有的处分).

当药物 Y 被过早地投放到市场而引起了严重的并发症时，为了避免病人遭受痛苦和人们的怨声载道，药物 X 就不会被很快地投放出去，当然，总是有一些人反对食品药物管理局的限制.食品药物管理局必须评价第Ⅱ类错误(认同了一种坏药)和第Ⅰ类错误(不认同一种好药)所发生的概率，我们也必须经常自我评估类似的概率.我们是应该出售正在上升的股票期权和冒着失掉它进一步升值的风险，还是应该持有它，并且冒着它进一步贬值和减少收益的风险呢？我们是应该动手术，还是应该作药物上的处理呢？亨利(Henry)是应该冒着被玛桃拒绝的风险约请她外出，还是应该保持冷静而不去约请她，但可能失去她同意的机会呢？

类似的考虑可以运用到生产过程中.常常，因为零部件坏了，导致机器的一些至关重要的部分出了毛病之后，或者在一些异常不可靠的系列产品(爆竹、罐头汤、计算机芯片、避孕套)被曝光之后，所以就要求新的监控设备能够保证产品不再有缺点.这听起来是合理的,但在大多数情况下几乎是不可能的,即使可能监控同样产品的总数,所需的成本却让人望而却步.这就是为什么质量控制检查只对每批产品的样本进行测试,而不是对每个产品进行测试(甚至是检测),从而确保这些样本没有缺点或者几乎没有缺点.

在质量和价格之间,Ⅱ类错误(接受有很多缺点的一个样本)和Ⅰ类错误之间(拒绝极少缺陷的一个样本)几乎存在一种平衡.此外,如果这种平衡并没有被认可的话,就会存在一种趋势去尽量否认或者掩饰这些产品中不可避免的缺点,这就会使得质量控制的工作更加难于开展.这恰恰是对战略防御计划所提出的建议,这个计划中的计算机软件、人造卫星、反射镜之类的东西复杂到让人感到敬畏,以致它让那些天真的数盲们相信,只要财政部没有破产,这个计划将会继续执行.

战略防御计划带出了对毁灭和拯救的思考,这里,甚至这个平衡的概念可以起着有益的作用.例如,帕斯卡关于上帝存在的打赌,可以作为在Ⅰ类错误和Ⅱ类错误的相对概率和结果之间的一个选择.如果我们接受上帝的存在,并且依此来指导我们的行动,那么我们将冒着犯Ⅱ类错误(上帝不存在)的风险;如果我们否认上帝的存在,并且依此来指导我们的行动,那么我们将冒着犯Ⅰ类错误(上帝存在)的风险.当然,存在着模棱两可、毫无意义的假设.尽管如此,所有的决定可以被做成这样的模式,使之能做出概率的非正式估值.天下没有免费的午餐,即使有,也有可能会让人消化不良.

### 有把握的调查

估计总体的特征,比如对某个候选人的支持率的估计或者对某品牌狗粮的受欢迎程度的估计,这就像假设检验那样,在原则上是简单的.随机抽取一个样本(说得容易,做起来难),然后确定这候选人的支持率是多少(假设是百分之四十五),或者确定这种狗粮的受欢迎程度是多少(比方说百分之二十八),哪种百分比与对总体看法的估计相接近呢?

我曾经亲自进行过唯一一次真正意义的民意测验,它是非正式的,并且设计回答下面的爆炸性问题:欣赏"活宝三人组(Three Stooges)"[1]闹剧的学院妇女占多少比例?除去那些对小丑闹剧和暴力、浅薄的喜剧不熟悉的人外,我发现超过样本的百分之八的人认为这是一种放任.

虽然专注于上面样本的选择并不是重要的,但是这百分之八的结果至少是在一个可信的范围之内.一个显而易见的问题需要说明,比如调查药片 X 支持率是百分之六十七(或者是百分之七十五),像这样的调查可能是建立在有三个样本或者四个样本的基础上.甚至更极端的例子是,一位名人认可了一种保健食品、药物或者其他之类的东西,在这种情况下,我们已经有了一个样本,一个有偿的样本.

因而,比作出统计估计更难的是,我们对这些估计有多大的信心.如果样本量很大,那么我们更相信,样本的特征大体上接近总体的特征.如果总体的分布不会太散或者太杂乱,那么我们同样也更相信,样本的特征是具有代表性的.

通过用概率学和统计学的一些原理和理论,我们能够提出所谓的置信区间,以评估一个样本特征代表总体特征的相近程度.因而,我们能够说,对于投票支持候选人 X 的百分率,95%的置信区

---

[1]　活宝三人组是 21 世纪美国的一个喜剧表演.——译者注

间是 45%±6%.这意味着,我们有 95%的把握肯定,总体百分率与样本百分率的误差范围在 6%之内,即有百分之三十九到百分之五十一的人支持候选人 X.或者我们也可以说,对于消费者喜欢 Y 品牌狗粮的百分率,其 99%的置信区间是 28%±11%.这意味着我们有百分之九十九的把握肯定,这总体百分率与样本百分率的误差范围在 11%之内,也就是说,有百分之十七到百分之三十九的消费者喜欢 Y 品牌.

然而,正如在假设检验中所看到的,天下没有免费的午餐.以一个给定容量大小的样本为例,置信区间越窄——也就是说,估计越精确——置信度就越小.相反,置信区间越宽——也就是说,估计就越不精确——置信度就越大.当然,如果增大样本容量,我们就能够缩窄区间和增强它包含总体百分率(特性或参数)的置信度.但是,这样做的话就会增加检验的成本.

调查或者民意测验如果不包含置信区间或者误差边界,那么很容易误导别人.多半调查都包括置信区间,但它不会被放到新闻报道中.因为区间或者不确定的东西几乎没有多少新闻价值.

如果头条新闻写着失业率从百分之七点一下降到百分之六点八,而不说这是置信区间加上或减去百分之一,这就有可能让人们误认为这是一件好事.然而,如果取样出错了,那么这"下降"有可能并不存在,甚至有可能失业率是上升的.如果没有给出误差范围,一个好的凭经验的方法,就是随机抽取一千个或更多的样本,使得这区间变得尽可能的小,而随意抽取一百个或者更少的样本,误差的范围通常会较大.

许多人惊讶于,只有极少的调查者得到他们想要的结果.(百分比的置信区间的宽度与这个样本容量大小的平方根成反比.)事实上,一般调查的数字比他们理论所需要的数字更大,而理论所需要的数字是为了补充与随机抽样相关的问题.当被选取的随机抽样包含一千人,估计候选人 X 的支持率或者品牌狗粮 Y 的受欢迎度,理论上百分之九十五的置信区间是大约加或减百分之三.因为考虑到不作答的人和其他问题,在这个样本中,民意调查者经常所用的误差范围是百分之四.

考虑一个典型的电话民意调查相关的问题.会不会因为遗漏了那些家里没有安装电话的家庭而影响调查的结果呢? 当他们知道是民意调查的电话,拒绝回答或挂断电话的人所占的比例是多少? 因为电话号码是随机选取的,当正在进行电话调查时,突然一个生意上的电话打来,会发生什么? 如果无人在家接电话,或者一个孩子接电话,又会如何? 电话采访者的性别(或者声音或者方式)对于回答有没有影响? 采访者在记录回答的过程中,总是那么的小心或者诚实吗? 选择交流和号码的方法是随机的吗? 那些问题是引导性的还是带有偏见的呢? 他们对问题理解

吗？如果家中有两个以上的成年人,谁的答案算数?用什么方法来估量这些结果?如果民意调查涉及一个观点瞬间变化的问题,那么过长时间的民意调查会不会影响结果呢?

　　类似的难题也会出现在个人面谈的民意调查和邮寄的民意调查中.询问引导性的问题或者用暗示的语调是面谈民意调查的普遍缺陷,而邮件调查中尤其需要关注的,是避免自我选择样本,使得大部分被委托的、被提示的、无代表性的人成为回答者.(这种自我选择样本有时用一个更加诚实的术语便是"游说".)1936 年,著名的《文学摘要》(Literary Digest)进行了一次民意测验,其结果预言,阿尔夫·兰登(Alf Landon)将以 3 比 2 击败富兰克林·罗斯福(Franklin Roosevelt),但是这预言是错误的,因为只有百分之二十三的人寄回他们的问卷调查,并且这些人普遍都是比较富有的.一个具有相似缺点、结果偏差的民意调查发生在 1948 年,这个调查表明,托马斯·杜威(Thomas Dewey)将击败哈里·杜鲁门(Harry Truman).

　　杂志和报纸往往因为宣布带有偏见结果的民意调查而臭名昭著,这些民意调查是以期刊上的问卷调查的反馈为依据的.这些非正式民意调查很少公布置信区间或者与调查所使用方法有关的任何细节,因此,自我选择的样本的问题通常不能马上曝光.当女权作家雪儿·海蒂(Shere Hite)或者专栏作家安·兰德斯(Ann Landers)报告宣称,承认有私情或宁愿不要孩子的回答者的百分比高得惊人时,我们将不得不扪心自问:谁才是最有可能回答这些调查问卷的,是一个正有婚外情的人,还是一个对婚姻忠贞的人?是那些厌恶孩子的人,还是那些喜爱孩子的人?

　　自我选择的样本并不会比一个巫师列出的正确预言有更多

的信息.除非你得到的是全部预言或者是随机抽样一部分,否则这正确的预言毫无意义.它们中的一些偶尔也会被证明是正确的.与此类似,除非你的民意调查的样本是随机抽取而不是自我选取的,否则这种民意调查的结果通常并不代表什么.

懂得计数的消费者,除了明智地看待那些自我选择样本的问题外,也应该理解与自我选择调查的相关问题.如果 Y 公司委托八人去调查比较自家产品和竞争对手产品的优缺点,即使他们当中有七个人断定,竞争对手的产品更有优势,你也不难预测,Y 公司会把哪一份调查结果放在它们的电视广告里?

正如在"巧合和伪科学"的那一章里,我们看到,过滤的愿望和强调信息不同于获得随机抽样.特别在数盲的眼中,一些大胆的预测或巧合常常比缺少统计理论的结论更有分量.

正因如此,我真不明白为什么一个描绘个人隐私或者故事的文集经常被称作是调查报告.如果是这样的话,那么这样一种故事集比典型的民意测验更加动人(即使那些故事不能让人信服).但是,当它披上一件科学调查的隐蔽外衣时,它将变得一文不值.

### 个人信息的获取

在统计学里,对策就是通过检查一个随机选取的小样本的特性,来获取一个大总体的有关信息.所涉及的技术——从弗朗西斯·培根(Francis Bacon)的计数归纳法到现代统计的奠基人卡尔·皮尔逊(Karl Pearson)和罗纳德·费希尔(Ronald Fisher)的假设检验和试验设计——全部依赖于这种明显的洞察力.以下是获得信息的几种不寻常的方法.

第一,在一个对曝光隐私充满好奇的时代里,下面的方法显得越来越重要,即不用泄漏任何个人的隐私也有可能获得一群人的敏感的信息.例如,为了确定什么样的性行为最容易导致艾滋病,我们需要了解一大群人中进行过某一种性行为的人占的百分比.

怎么做呢? 我们要求每个人从他(她)的钱包(或皮夹)里取出一枚硬币,并且抛掷一次.不要让任何人知道抛掷的结果,他们只需注意地上的硬币是正面朝上还是反面朝上.如果某个人的硬币是正面朝上,那么这个人必须诚实回答这个问题:他(她)有没有做过某一种性行为——只需回答"有"或"无"? 如果某人的硬币反面朝上,那么这人只需简单地回答"有".这样,一个"有"的回答可能是以下两种情况之一:一种情况完全无伤大雅的(因为硬币的反面朝上),另一种情况可能会让人尴尬的(有过这种性行为).因为实验者并不知道"有"意味着什么,所以我们可以推测,人们的回答是真实的.

假设 1 000 个回答的人当中,有 620 人回答"有".这能够说明,从事这种性行为的人所占的百分比是多少吗? 这 1 000 人当中大约 500 人,他们回答"有"是因为硬币的反面朝上;剩下的 120 人说"有",才是真实的回答(因为他们的硬币正面朝上).这样,估计有百分之二十四$\left(\dfrac{120}{500}\right)$的人参与过这种性行为.

这种方法有许多巧妙之处,它能够被用来了解更多的细节,比如说,了解人们发生了多少次性行为.这种方法的一些变化能够被更加非正式地实施,并且能够被一个侦探公司用来估计一个地区中持不同政见者的人数,或者被一个广告公司用来估计一个产品在市场中的吸引力会不会被人们所抗拒.计算的原始数据可能来自公共的资料,稍加修改后可能也会得到惊人的结论.

　　另一种有点罕见的获取信息的方法称作捕获再捕获法.假设想知道在某个湖里有多少条鱼,我们可以先从中捕获 100 条鱼,标上记号后将它们分散在湖里的不同地方放生,再捕捉 100 条,看看当中有多少条鱼被做了记号.

　　如果我们再捕获的 100 条鱼当中,有 8 条鱼是标上了记号的,那么我们可以合理地估算出标上记号的鱼占了百分之八.既然百分之八是由我们最初做记号的 100 条鱼构成,因而整个湖的鱼可以通过这一比例来确定:8(第二次取样里标记号的鱼)比 100(第二次取样的总数)等于 100(标记号的鱼的总数)比 $N$(湖里鱼的总数),得到 $N$ 等于 1 250.

　　当然,必须注意,那些标了记号的鱼不会因标记而死亡,而且标了记号的鱼大致均匀分布在湖里,同时,标了记号的鱼并不仅仅是那些游得慢或者容易上当的鱼,等等.不过,作为一种粗略估计的方法,捕获再捕获法是有效的,并且有比这里的捕鱼例子更一般的应用.

　　统计分析也依赖于那种从不合作(因为死亡)的来源获取信息的相对聪明方法,这种方法的初始作者至今仍然众说纷纭、莫衷一是.

**两种理论结果**

　　概率论吸引人之处,大都体现在它的直接性和直观性,这些表现在实际问题和解决问题的简单原理上.一直以来,下面的这两种理论是如此重要的基本理论结果,以至于,如果这里完全没提到它们的话,我将会被人痛骂.

　　第一个理论结果称作大数定律,虽然它常常让人误解,但它是概率论最重要的理论结果之一,人们有时运用它来证明各种不寻常的结论.大数定律简单地完全说明,一些事件发生的概率和这些事件发生的相对频率之间的差最终接近于零.

这里我们举一个有关大数定律的特殊例子——公平硬币,它是由詹姆士·伯努利(James Bernoulli)在1713年首先提出来的,这个例子说明,随着掷出硬币次数的增加,$\frac{1}{2}$ 与 $\frac{正面朝上次数}{掷出总次数}$ 的差趋向于零.记得我们在第二章讨论公平硬币和输家时提到,随着掷出次数的增加,并不意味着掷出时正面朝上的总数与反面朝上的总数之差越来越小;通常,情况恰恰相反.掷出时正面朝上和朝下通常是在某个比例意义上,而不是在一个绝对的数量上.与无数酒吧里赌徒们的议论相反,大数定律并非推导出赌徒的下列误判:一连串的反面出现后,正面更可能到来.

在定律解决的问题中,给予实验者这样的信念:随着测量次数的增加,对某一个量一系列测量结果的平均值接近于这个量的真值.它也给那些常识观察提供了理论解析,即如果一个骰子抛掷了 $N$ 次,那么5出现的机会大约是 $\frac{N}{6}$,而且随着 $N$ 的增加,5出现的机会变得越来越大.

简言:大数定律给我们自然的想法提供一个理论基础,理论概率是现实世界发生事件的一个指导.

正态钟形曲线似乎描述了许多自然现象.另一个非常重要的理论成果就是所谓中心极限定理.它提供了高斯正态分布(它是以高斯的名字命名的,高斯是19世纪或者说是任何世纪中最伟大的科学家之一)的理论解析.中心极限定理提出:大量的系列测量值的和(或者平均值)表现为一个正态曲线,即使个体测量值并非如此.这意味着什么呢?

假设有一个专门生产玩具用的小电池的工厂,并且这个工厂由一个虐待狂的工程师管理,这个工程师确保百分之三十的电池使用 5 分钟后电能就用完,而其余百分之七十的电池,电能可使用大约 1 000 个小时.这些电池的寿命显然并不是呈钟形正态曲线分布,而是由两个尖峰组成的 U 型正态曲线分布,其中一个尖峰是 5 分钟,另一个更高的尖峰是 1 000 个小时.

现在假设从生产线上随机取出电池,装进三十六个盒子里.如果要确定一个盒子里电池的平均寿命,我们将会发现它的平均寿命大约是 700 小时,比如说 709 小时.如果想确定另一个盒子里电池的平均寿命,我们将再一次地发现这盒子里电池的平均寿命大约是 700 小时,或许是 687 小时.事实上,如果我们检查许多这样的盒子,我们将会发现这些平均寿命的平均值非常接近 700 小时.更令人着迷的是,这些平均值的分布将近似于正态分布(钟形),电池平均寿命在 680 和 700 之间的盒子的百分比呈正态分布,而电池平均寿命在 700 和 720 之间的盒子的百分比也呈正态分布.

中心极限定理说明,在广泛多变的环境下,情况总是如此——非正态分布的量的平均值与和,仍然呈正态分布.

正态分布也在测量过程中出现.中心极限定理给这样的事实提供了理论支持,即任何数量的测量值趋向于满足一条钟形正态"误差曲线",其中心位于被测量的量的真值上.其他满足正态分布的量可以包括具体年龄时的高度和质量,在一座城市里某一天的耗水量,机器零件的宽度,智商(尽管这是他们测量的),一所大医院某一天进入医院的人数,飞镖离开靶心的距离,叶子的大小,胸围,或者自动售货机售出汽水的数量.所有这些数量可以被认为是很多因素(遗传的、物质的或者社会的)平均值或总和,因此中心极限定理可以解释它们的正态分布.

简言之:数量的平均值(或者总和)趋向于满足一个正态分布,即使这些数量本身并不是遵循正态分布时,亦是如此.

**相关关系和因果关系**

相关关系和因果关系是两个意思很不一样的词,数盲更多地将两者混为一谈.经常,他们在两个量并不互相依存的情况下,把它们互相联系起来.

发生这种联系的一个常见方式是由于两个量的变化是第三个因素引起的结果.一个众所周知的例子宣称,在不同的社会里,牛奶消费和癌症发生有适度的相关关系.这些关系或许可由这些社会里的相对的财富给予解释.由于寿命的延长,引起了牛奶消费量的增加和癌症发生的人增多.事实上,任何有利于长寿健康的行为,例如饮用牛奶,也许与癌症的发生同样有关.

在一个国家的不同地区,每一千个人中的死亡率和该地区每一千对配偶的离婚率之间,存在一个小的负向相关关系,即更多离婚,更少死亡.而第三因素,不同地区的年龄分布,可再次对此给出解释.与年轻夫妇相比,老年夫妇是更少离婚和更多死亡.事实上,因为离婚是一个让人伤感和压抑的经历,所以离婚更有可能引致死亡,因而,现实与上述误导的关系完全相反.下面是误导出事件发生的原因的另一个例子:在新赫布里底群岛上,身体上的虱子被认为是身体健康的一个原因.因为在许多人的观察资料中,有一些关于这方面的证据.当人们生病时,他们的体温升高,并且使得身上的虱子寻找更适合安居的地方. 这样, 因为发烧, 除了失去了良好的健康, 虱子也随之离去. 与此类似, 一个国家日托计划的质量, 与这个国家小孩的性虐待的有关报道率之间, 并不存在因果的关系, 而是仅仅表明, 更好的监督将会导致更多对这方面事件的报道.

　　有时, 相关的量是有因果联系的, 但其他"混杂"因素使得因果关系变得复杂和含糊. 以一个负相关关系为例, 比如, 一个人所拥有的学历(理学学士, 硕士或者工商管理硕士, 哲学博士)和这个人的起薪之间的关系, 只有考虑到不同类型的老板, 这个混杂因素才有可能说清楚. 与从事工程的本科生和硕士生相比, 哲学博士更可能接受较低薪水的学术机构工作, 因而更高的学历会引致较低的起薪, 而高学历本身并不会让某人的薪水变得更低. 毫无疑问, 吸烟是引起癌症、肺病和心脏病的一个最重要的原因, 但是生活方式和环境, 这些与癌症、肺病和心脏病有关的混杂因素却在一定程度上将这个事实掩盖了好多年.

　　一个妇女的单身状况与她的大学学历之间有一点关系. 然而, 这两个现象之间也存在许多混杂因素, 并且不清楚这两个现象之间到底是否存在任何因果关系, 如果有一个的话, 那就是它的导向. 可能妇女"独身"的趋势是促成她上大学的因素, 而不是周围的其他因素. 顺带提一下, 《新闻周刊》曾经宣称: 受过大学教育的独身妇女与已婚妇女的比小于 $1:35$, 这比一位独身妇女被恐怖分子杀死的概率还要小. 这评论或许是一种有意的夸张, 但是, 据说已被多家媒体作为事实加以引用. 如果有一个年度数盲奖的话, 那么那篇报道将是这一奖项的有力竞争者.

　　最后, 有许多纯粹是意外的相关关系. 研究微小但又不为零的相关关系的报告经常只是谈及偶然的变动,并且,这类报告的意义大概就像一枚硬币被抛掷了五十次,正面朝下的次数却不到一半那样.事实上,在社会科学里,太多研究都是收集这样无意义的数据.如果性质 $X$(不妨认为它是幽默)是由这样的方式来定义(被一个笑话集逗笑的次数),性质 $Y$(不妨认为它是自尊)是由那样的方式来定义(对一系列正面的品质作肯定回答的次数),于是在幽默和自尊之间的相关系数是 0.217,一个无聊的结论.

将量 $X$ 的价值和量 $Y$ 的价值联系起来的回归分析法是统计学里的一个非常重要的工具,但是它经常被人们所误用.我们常常得到类似于上面例子的结果,或者有点像 $Y = 2.3X + R$ 这类形式,这里 $R$ 是随机变量,这个变量的变化是如此之大,以致有很多 $X$ 和 $Y$ 之间的推测关系.

这些不完善的研究经常是对职业、保险率和信贷进行心理测试的基础.你可以成为一个好的雇员,享受低保险或者有一个好的信用等级,但是,如果与你有关联的事物被发觉在某些方面的不足,那么你也将会遇到麻烦.

**乳腺癌,抢劫和工资:简单的统计学错误**

假设检验、置信估计、回归分析和相关分析——虽然这些很容易让人误解,但是最通常的统计谬误却不会比分数和百分数更复杂.在这一节里,我们作一些与此相关的典型解说.

每十一个妇女当中就有一人将患乳腺癌,这个统计结果多次被人引用.然而,这个统计数字是有误导性的,因为它统计的假想样本是年龄达八十五岁的妇女,并且假定此年龄的乳腺癌发病率也是所有年龄的发病率.事实上,只有少数妇女能活到八十五岁,

而且乳腺癌的发病率也会变化,它随着妇女年龄的增加而变得
更高.

对于四十岁的妇女来说,每一年一千个妇女当中大约有一
人患乳腺癌.然而,对于六十岁的妇女来说,这一比率已经上升
到五百分之一.典型的四十年龄段的妇女,在五十岁前大约有百
分之一点四的机会患此病,而在六十岁前有百分之三的机会患
此病.夸张一点地说,十一分之一这个数就有点类似说,十分之
九的人将会长出老年斑.然而,这并不意味着它成为三十岁女人
的当务之急.

另一个技术上正确,却误导统计的例子是这样一个事实:心
脏病和癌症是美国人的两个主要杀手.这种说法无疑是正确的.
但是疾病控制中心的资料显示,意外的死亡——车祸、中毒、溺
水、阵亡、火灾和枪伤——导致更多的人失去了生命,他们本应
该活得更长,因为他们的平均年龄远远低于因癌症和心脏病而
死的人.

百分比的小学题目仍在继续被人们误用.尽管是一些相反的
判断,一个物品的价格已经上涨了百分之五十,然后降价百分之
五十,实际上它的价格只是纯降了百分之二十五.一件衣服的价格
已经被"猛砍掉"百分之四十,然后降价百分之四十,实际上它的
价格只是降低了百分之六十四,而不是百分之八十.

一种新牙膏,它声称能把牙洞降低百分之两百.大概这能够
把某人的牙洞除去两次以上,也许一次把它们填上,再给予一次
小小的矫正.百分之两百这个数,如果确实是有任何含义的话,
那么它也许表示,与其他一些标准牙膏将牙洞缩小百分之十相
比,这种新牙膏能够将牙洞缩小百分之三十(增加百分之十的百

分之两百就是百分之三十).后者的说法虽然给人更少的误导,但是使人印象不那么深刻,这就解释了为什么这种说法没有受到青睐.

我们总是应急地问自己:"什么样的百分比适合采用?"比如,如果利润是百分之十二,那么这百分之十二是对于成本来说? 对于销售来说? 还是对于去年的利润来说? 或者对于其他什么来说?

分数,是让许多数盲产生挫折感的另一个来源.据报道,在1980 年,有一位总统候选人,曾经要求他的新闻随从人员解释一道他儿子的家庭作业:怎样将七分之二换算成百分数? 不管这样的报道是否准确,我都相信有不少成年的美国人,无法通过关于百分数、小数、分数和将它们进行换算的一次简单测试.有时,当我听说某样东西正在以它的正常成本的几分之几出售时,我打趣地说,这分数大概是三分之四,然而,我看到周围是一些无动于衷的神色.

一个人在一条商业街被抢劫,他声称歹徒是个黑人.然而,当受理此案的法官在现场重复比较当时的照明情形许多次后,发现受害者能够正确识别这歹徒的肤色的次数只有大约百分之八十.那么,歹徒确实是黑人的概率是多少呢?

当然,很多人认为,这概率是百分之八十.但是,考虑到某些合理的假设因素,这个正确的答案实际上是更低.出事的商业区是一个种族混合的地方,我们假设,其中大约百分之九十的人口是白人,百分之十的人口是黑人,其他种族的人不可能是抢劫犯.假设受害者把歹徒的肤色黑误认为白,或白误认为黑的可能性是相等的.给定上面这些前提后,假定在类似的情况下发生了一百个这样的案子,受害者确定把行凶抢劫者当作是黑人,算起来就有二十六次——十个黑人中的百分之八十,或者说有八个黑人,加上九十个白人中的百分之二十,或者说误认的十八个黑人,这样总共就有二十六个黑人.因为二十六个被指控的黑人当中才有八个是真正黑人,所以这受害者被黑人抢劫的概率只有二十六分之八,或者说大约百分之三十一!

这样的计算,类似于药物检验中的虚假肯定性.这证明了,误解了分数可以闹出人命关天的大事来.

政府在 1980 年发布的数据表明,妇女的收入是男人收入的百分之五十九.虽然从那时起,这一结果已经被广泛引用,但是统计学并不足以强有力支持这样一个如肩重负的结论.如果没有进一步的,不包括研究中的详细数据支持的话,那么这结果是否真的正确,我们还不清楚.它是否意味着,如果男人和女人做同样的工作,女人的收入是男人的百分之五十九? 它考虑到女人劳动力的增加和她们的工龄与工作经历了吗? 它考虑到许多女人一直都在从事待遇相对较低的工作(神职工作、教学、护理工作,等等)吗? 它考虑到丈夫的工作通常是决定一对夫妇未来的生活吗? 它考虑到只是为了一个短期的目标才参加工作的妇女已经占了一个很高的比例了吗? 所有这些问题的答案是"不".发布这些枯燥无味的数据,只不过说明,全职女工的中等收入是全职男工中等收入的百分之五十九.

上述问题的目的,并不是否认社会上确实存在的性别歧视,而是指出一个统计学的重要例子,它本身就没有提供更多的信息.尽管如此,它还总是被引用的,并且成为统计学家达莱尔·哈夫(Darrell Huff)所称的半附(semi-attached)数字.所谓半附数字,也就是从那些没有告诉你任何准确信息的资料中抽取出来的数字.

当统计结果被披露,却没有包含任何有关样本大小和组成、方法论的记录和定义、置信区间、显著性水平等信息,那么我们能做的只是耸耸肩,或者如果我们确实感兴趣,只好自行确定它的内涵.另一类披露的统计结果常常采取这样的方式:在这个国家里,百分之 $X$ 处于社会最上层的人,却拥有这个国家百分之 $Y$ 的财富.在这儿,$X$ 是小到让人震惊,而 $Y$ 却大到让人感觉可怕.这类统计结果一次又一次地给人以哗众取宠的误导.我并不否认,这个国家存在着大量的经济不平等.富人和其家庭所拥有的资产几乎是不透明的,而他们纯个人的重要性和价值亦是如此.估量这些资产的会计程序常常是造假的,而且还有其他明显带有一点心计的复杂因素.

无论是对于公众还是个人,会计是一种把事实与过程混合在一起的独特混合物,而这种过程往往是在事后才能被解释.1983年,政府雇员人数飙升,这只不过反映了把军队算作政府雇员的决定.

加法,虽然让人喜爱和觉得它容易,但是常常用得不得法.有十个产品,每个产品因为需要增加某些部件的制造,价格上升了百分之八,那么十个产品的总价格只是上升了百分之八,而不是百分之八十.正像我所提到的那样,有一个被误导的本地气象员作如下的预报:周六有百分之五十的机会下雨,周日有百分之五十的机会下雨,因此,这个周末下雨的机会看起来是百分之百.另一个气象员也曾发布过这样的预告:明天将比今天热两倍,因为气温将从二十五度上升到五十度.

有一个有趣的小孩证词,申述他们没有时间上学.他有三分之一的时间要睡觉,总的折合起来大约是 122 天;八分之一的时间要吃饭(一天三个小时),总的折合起来是 45 天;四分之一的时间,或者说 91 天,是用来放暑假和其他的假期;而七分之二的时间——104 天——是周末.这些日子的总和大约是一年,因而得出结论:他们并没有时间去上学.

这样不适当的相加,虽然通常不那么明显,却时常发生.例如,当我们想确定一次劳动罢工的总成本,或者宠物护理的年度总费用时,我们总是倾向于将我们所能够想到的每一件事情加起来,即使这样做会导致在不同的名目下,某些事情被计算了多次,或者疏忽考虑把某些储备列账.如果你相信所有这些数字的话,那么你大概会相信,小孩子没有时间上学.

倘若你想用富有吸引力的情景来打动别人,那么你,特别是数盲们,总能够采用绝对数字这个策略,而不是采用基于巨大总体的某一罕见现象的概率.这么做有时被称为"宽基础"谬误,我们已经引用过它的两个实例了.强调哪一个数字,是数目还是概率,这取决于内容.但是能够很快地从一个转换成另一个,而不惧怕"四天周末,假日屠杀 500 人"(这是任何四天内杀死的人数)这样的新闻头条,这种能力是很有用的.

另一个例子是涉及几年以前所刊登的大量文章,这些文章涉及青少年自杀和游戏"地牢与龙"之间的可能联系.这种想法认为青少年因为沉迷于游戏,无法回到现实,所以最终自杀.它所引用的证据,是经常玩这种游戏的 28 个青少年已经自杀了.

这似乎是一个相当引人注目的统计,然而,我们还应考虑下述的另外两个事实.首先,这个游戏已经出售了数百万个拷贝,据估计,有多达三百万青少年玩过它.其次,在青少年这个年龄段,每年的自杀率大约是每十万个人当中有十二个人.综合这两个事实,玩游戏"地牢与龙"的那些青少年,每年预计大约会有 360(即 12×30)人自杀!我并不是否认这个游戏是自杀事件的一个诱发因素,而只不过是就事论事,条分缕析罢了.

**可能的机会和补遗**

这节的内容,是对本章前面材料的补遗.

对平均数的冲动可能是极具诱惑力的.记得关于那个男人所说的故事,虽然他的头放在烤炉里,他的脚放在冰箱里,但是把温度平均起来,他应该感到非常舒服.或者,让我们考虑一堆棱长在 1 英寸到 5 英寸之间的正方体的积木块.我们可以假设,这些积木块的平均棱长是 3 英寸.这些相同积木块的体积是在 1 立方英寸到 125 立方英寸之间.从而,我们也可以假设积木块的平均体积是 63 立方英寸 $\left(\dfrac{1+125}{2}=63\right)$.综合以上两个假设,我们推出这样一个有趣性质:在这堆积木当中,积木块的平均棱长为 3 英寸,而它的平均体积为 63 立方英寸.

有时,对平均数的依赖可能比那些畸形的骰子带来更严重的后果.医生告诉你,你得了一个可怕的病,并且得此病的人平均寿命是五年.如果这是你所知道的全部信息,那便是你的希望所在.或许,有三分之二的患者是在病发后一年内死亡,而你已经存活了几年.或许有三分之一的"幸运"患者能够活上十年到四十年.我的观点是,如果你只知道平均存活的时间,而对存活时间的分布状况一无所知,那么要有一个明智的计划是困难的.

举一个数的例子:某一个量的平均值是 100,这可能意味着这个量的所有值是在 95 到 105 之间.或者,有一半的值大约是 50,另一半的值大约是 150.或者,有四分之一的值为 0,一半的值接近 50,剩下四分之一的值约等于 300.甚至,可以作任意的数值分布,只要它们的平均值是 100 就可以了.

大部分的量都不能描绘成一个完美的钟形分布曲线.如果没

有对分布的变化测量和分布曲线的大体形状作评价,那么这些量的平均值和中位数的重要性将会大打折扣.在日常生活里,人们已经对量的分布曲线养成一个良好的直觉.比如快餐馆,它提供一个食品,其平均质量充其量是中等水平,但是它的变动性是非常低的(除了服务速度之外,这是它们最吸引人的特色).一般来说,传统餐馆提供一个平均质量更高的食品,但它的可变性非常之大,那些档次较低的餐馆尤其如此.

有人给你两个装有钱的信封挑选,并且告诉你其中一个信封里的钱是另一个信封里的两倍.你挑选了 A 信封,然后打开它,发现里面装有 100 美元.这样,信封 B 里面要么装有 200 美元,要么装有 50 美元.这时,那个给你信封的人允许你改变主意重新挑选,因为如果你改变了你的选择,那么你要么多得 100 美元,要么只是损失 50 美元,所以你会换拿 B 信封.问题是:为什么一开始你不挑选 B 信封呢? 很明显,不管你最初挑选的信封里有多少钱,如果给你重新挑选的话,你都会那样做的,并且拿走另一个信封.没有任何关于信封里钱数的概率知识,就不会有解开这个死结的方法.它的变化解释了"草总是更绿的"这样一些心理.面对着关于收入的统计数字的公布,这类心理常常油然而生.

再看一个赌博.连续抛掷一枚硬币,直到出现第一次反面朝上才停止.如果直到第二十次(或之后)才第一次出现反面朝上的情况,那么你将赢得十亿美元.如果第一次反面朝上发生在第二十次抛掷之前,那么你必须支付 100 美元.你会去赌吗?

在 524 288(即 $2^{19}$)次抛掷结果中,你只有一次机会赢取十亿美元,但有 524 287 次机会输掉 100 美元.虽然你几乎肯定会输掉每次的打赌,但当你赢时(根据大数定律预测,平均每 524 288 次你都会赢一次),你的胜利所赢得的金钱将超过你输掉时所失去的所有金钱.非常明确,当你玩这个赌博时,你每次期望或者平均赢得的金钱数是 $\frac{1}{524\,288} \times 1\,000\,000\,000 + \left(\frac{524\,287}{524\,288}\right) \times (-100)$ 元,或者每次赌博时,你都会赢取大约 1 800 美元.然而,大部分人仍然都选择不参与这个赌博(这就是所谓的圣彼得堡悖论的变种),尽管它的平均盈利大约是 2 000 美元.

如果只要你高兴的话,你就可以经常去赌,而且你可以等到赌完时才来结清赌金,那你会怎么样呢? 你还会去赌吗?

获得随机样本是一门难于掌握的艺术,民意测验专家也并不是总能成功,连政府也是如此.1970 年草拟的抽彩给奖法,几乎肯定是不公平的.它的做法是,把数字 1 到 366 分别放在小胶球里确定谁将被挑选出来.一月的 31 天产生的 31 个胶球是被放在一个大箱子里,然后二月产生的 29 个胶球亦放在此箱子里,一直下去,直到十二月产生的 31 个胶球放到箱子里.按此方法,在箱子里的胶球的确有一些混合,但这样做明显是不够的,因为在第十二月所产生的胶球是不成比例地散布在前面的胶球中,这样从该年的第一个月到年底,数字被抽中的可能性逐步增加.于是,1971 年的抽彩给奖法改为了用计算机产生的随机号码.

当玩纸牌时,要使纸牌的顺序随机也不容易做到,因为将一副牌洗两三次,并不能充分破坏它的原有次序.正像统计学家佩尔西·戴康尼斯(Persi Diaconis)已经证明,六到八次的洗牌通常是必要.如果一副大家已经知道顺序的牌只是洗了两三次,其中有一张牌的位置已经变动了,那么一个高明的魔术师几乎总是能确定出这张牌的位置.用一个计算机来为一副牌生成一个随机的顺序是最好的方法,但显然,这似乎是一种不切合实际的方法.

有一种有趣的公众可以接受的方法,非法赌博操作运用它得到每日的随机数.这个方法是取出一个百位数,分别取自每日的道琼斯工业指数、运输指数和公用事业指数的最后一个数字,它们也是最不稳定的数字,然后将它们并置起来.例如,如果这天工业指数接近 2 213.27,运输指数是 778.31,而公用事业指数是251.32,那么那天的数将是 712.因为这些最后的数字是易变的,使得它们基本上是随机的,所以从 000 到 999 中的每一个数,出现的机会是均等的.并且也没有人担心这些数是造假的,因为它们出现在享有很高声望的《华尔街杂志》上,同样也更多地出现在大街小巷的报纸中.

然而,随机性本质上并不仅仅为确保公平赌博、民意测验和假设检验,而且也为了模拟任何有大量或然成分的情形和上百万个随机数的需要.人们在不同的条件下,在超市里排队需要等候多久? 设计一个适当的程序来模拟在有各种约束的条件下超市的情形,并且指令计算机运行此程序几百万次,看看各种不同的情景出现的频率.许多数学问题太棘手,并且与它们有关的实验的成本也太高了,以致这类或然性的模拟是替代它们的唯一可供选择的方法.即使一个问题较容易且有可能完全解决,模拟也常常是一种更快和更便宜的方法.

对于大多数情况来说,计算机产生的伪随机数是相当好的.对于大多数为了应用的目的,随机实际上是由一个确定的公式产生的,这些公式强加了足够的序在随机数上,使它们对其他应用无所作为.其中的一个应用就是编码理论,它允许政府官员、银行家和其他人传递机密敏感的信息,并且无须担心这些信息被破译出来.在这些情况里,一个混合伪随机数,从几台计算机中被"吐"出来,然后结合一个物理的不确定因素,这些不确定因素就是一个"白噪声"源产生的随机波动电压.

"随意有经济价值"这种奇怪的观念是慢慢地形成的.

统计意义和实际意义是两个截然不同的东西.如果一个结果,它是完全不可能偶然发生的,那么这个结果具有统计意义,而结果本身并没有很多的意思.几年前,曾经进行过一次研究,在这研究里有两组志愿者,其中一组志愿者服用安慰剂,另一组志愿者服用大剂量的维生素 C.两组进行对照,发现服用维生素 C 的那一组患上感冒的概率比另一组更小.这个样本是足够大的,使得这样的药效并不是偶然的,但是,按实际的感觉,比率的差别并非都是印象深刻和有意义的.

一些好的药物有这样一个特性:有数据证明,服用它们比不服用更好,但不能太多.经过再三测试,服用药物 X 能够使百分之三的头疼患者病状立即减轻.这确实是服用它比没有服用它更好.但是,你将会在药物 X 上花多少钱呢?你可以确信,这只是提供一种"意义"上百分比鲜明对照的广告,而这种意义仅仅是统计学上的处理而已.

通常我们遇到相反的情形:结果具有潜在的实际意义,而几乎没有任何统计意义.如果某个名人认同了一个品牌的狗粮,或者某个计程车司机不赞成市长对一个两难问题的处理,很明显,没有任何理由对这些个人的意见赋予统计意义.相同的情况也适用于妇女问卷调查:怎样对他说,他是否爱上了其他人;你的丈夫会

不会遭受波伊西斯(Boethius)情结[1]之苦? 七类情人中的哪个
是你心目中的白马王子? 几乎没有任何人来统计确认这些问卷
调查的分数:为什么六十二分就表示一个男人不忠实呢? 或许他
已经克服了他的波伊西斯情结.这七种类型来自哪里呢? 虽然男
性杂志经常受累于那些暴力、买凶杀人之类的愚蠢行为,但是它
们很少刊登这些愚昧的问卷调查.

有这样一批强大的人类,他们想拥有一切,并且否认协调的
必要性.因为他们所处的位置,政治家常常比沉迷于幻想的人更
有吸引力.在质量和价格之间,在快速和精确之间,在批准一种
也许坏的药和拒绝一种也许好的药之间,在自由和平等之间,等
等,它们的协调一致的关系经常被弄得乱七八糟,让人如坠云雾
山中,并且,这种透明度的下降通常意味着每个人付出代价的
增加.

例如,近来许多州在某些公路上将车速限制提高到 65 英里
每小时,却并没有对群体安全构成挑战的酒后驾驶执行更加严厉
的制裁.他们用显然错误的声明作辩解:这样做并不会增加事故发
生率,而并不是坦白地承认那些漠视生命的经济和政治因素.我们
还可以有众多的举证:大量的其他事故,许多环境污染和有毒废
料,等等.

他们嘲弄这个普通的观点:人的生命是无价的.人类生命在很
多方面是无价的,但为了达成一个合理的妥协,事实上,我们又必
须给生命以有限的经济价值.然而,当我们过分经常这样做时,我

---

[1] 波伊西斯(480—524),罗马哲学家,被误判叛国罪处死,在狱中写成以柏拉图思想为理论依
　　据的名著《哲学的慰藉》.——译者注

们会制造许多虔诚的噪音,以掩饰那些价值是多么的低.我宁愿少一点虚伪的虔诚和体谅地给生命以更高的经济价值.这价值理想地应该是无限的,但是,当它不可能如此时,那就让我们持有这种甜滋滋的感受吧.如果我们不热心地去关注我们正在做的选择,那么我们不可能为更好的选择去工作.

# 结束语

我们在一个巨大的地球上航行,总是不确定地漂泊,从一端到另一端地游弋.

—— 帕斯卡

一个人是非常小的,而黑夜是非常大的并且充满奇迹.
—— 邓塞尼(Dunsany)勋爵

概率论用许多不同的方式走进我们的生活.最初是经常通过随机装置,如骰子、卡片和轮盘赌上的轮子.随后,我们意识到,生死、事故、经济,甚至更丑恶的交易都容许统计的描述.接着,我们明白了,任何足够复杂的现象,即使它是完全确定的,也将经常仅仅遵循概率的模拟.最后,我们从量子力学中了解到,最基本的粒子物理学的方法自然是概率的方法.

因此,毫不奇怪,对概率论的评价经历了一个长时间的发展.事实上,我想,赋予一个适当的权重于世界上的偶然性之中,是成熟和平衡的一个标志.各种类型的狂热者、忠实信徒等,极少与概率那样淡而无味的任何东西打交道.祝愿他们在地狱中修炼$10^{10}$年(只是一个笑话),或者被强迫去上一门概率论的课程.

在一个越来越复杂的,充满无意义巧合的世界中,很多情况所需要的并不是更多的事实——我们已经被事实淹没了——而是对已知事实更好的掌握.为此,一门概率的课程是非常可贵的.统计检验和置信区间、因果和联系、条件概率、独立性和乘法原理、估值的艺术和试验设计、期望值和概率分布的观念,以及上述所有最普通的例子和反例,都应该被更广泛地普及.概率好像逻辑一样,不仅仅是数学家的东西,它已经渗入到我们生活的各方面了.

至少,我撰写任何书的部分动机是不满,这本书也不例外.我被这样的一个社会困扰着,它完全依赖着数字和科学,而对它的公民中有如此多的数盲和科学无知似乎漠不关心.它尽管拥有一支军队,并且每年为其缺乏教育的士兵花费 2 500 亿美元在那些犀利的武器上;尽管有众多的媒体,它们总是热衷于飞机上的人质或掉下井的婴儿,然而当面对一系列需要关心的,如都市罪案,环境污染或贫困等问题时,这个社会似乎缺乏了应有的热情.

我也对那些虚假的浪漫主义感到痛心,它们出自那个平凡的词"无情的有理"(好像"热情的有理"是某一类矛盾修饰法);对占星术、心灵学和其他伪科学的猖獗的愚昧感到痛心;我对那种对数学的误解同样感到痛心,它们竟然相信,数学是与现实世界无多少联系的一种奥妙的训练.

这些事情只不过是令我震怒的部分诱因:我们的主张与现实之间的脱节通常是非常普遍的,因为数和机会都在我们根本的现实原理中间.对这些观念敏锐掌握的人可以看到这些脱节和不透明,因而更容易把对愚昧行为的反感作为一个话题.我想,在那些对我们的愚昧的反感中,有一些神学者的东西,它们应该被珍爱,而不是回避.它们洞察世界上不论卑微的还是高贵的地位,并且把我们和老鼠区别开来.持续地使我们变得迟钝的任何事物都是格格不入的,包括数盲在内.唤醒人们对于数的比例的感觉和生活中最低限度的概率性质的鉴赏,这一愿望,而不是怒气,是撰写这一本书的最初动机.

John Allen Paulos
Innumeracy
Mathematical illiteracy and its consequences
Copyright © 1988, 2001 by John Allen Paulos
Published by arrangement with ICM Partners (ICM)
Simplified Chinese translation copyright © 2020 by Shanghai
Educational Publishing House
ALL RIGHTS RESERVED.

本书中文简体字翻译版由上海教育出版社出版
版权所有，盗版必究
上海市版权局著作权合同登记号图字09-2020-704号

**图书在版编目（CIP）数据**

数盲：数学无知者眼中的迷惘世界 / （美）约翰·艾伦·保罗士
(John Allen Paulos) 著；柳柏濂译. — 上海：上海教育出版社，
2020.8
（趣味数学精品译丛）
ISBN 978-7-5444-9930-9

Ⅰ.①数… Ⅱ.①约… ②柳… Ⅲ.①数学—普及读物
Ⅳ.①O1-49

中国版本图书馆CIP数据核字(2020)第150357号

责任编辑　潘迅馨
封面设计　陈　芸

趣味数学精品译丛
**数盲**
Shumang
——**数学无知者眼中的迷惘世界**

[美]约翰·艾伦·保罗士　著
柳柏濂　译

出版发行　**上海教育出版社有限公司**
官　网　www.seph.com.cn
地　址　上海市永福路123号
邮　编　200031
印　刷　上海华顿书刊印刷有限公司
开　本　890×1240　1/32　印张5.25　插页1
字　数　113千字
版　次　2020年8月第1版
印　次　2020年8月第1次印刷
书　号　ISBN 978-7-5444-9930-9/O·0169
定　价　38.00 元

如发现质量问题，读者可向本社调换　电话：021-64377165